"十二五"国家计算机技能型紧缺人才培养培训教材

教育部职业教育与成人教育司
全国职业教育与成人教育教学用书行业规划教材

中文版

Photoshop CC 实例教程

张丕军　杨顺花／编著

U0350524

13个基础项目讲解 + 26个综合项目训练 + 37个视频教学文件

- **专家编写**
  本书由资深平面设计师结合多年工作经验精心编写而成
- **灵活实用**
  范例经典、项目实用，步骤清晰、内容丰富、循序渐进，实用性和指导性强
- **光盘教学**
  随书光盘包括37个视频教学文件、素材文件和范例源文件

海洋出版社

2014年·北京

内 容 简 介

　　本书是以基础实例讲解和综合项目训练相结合的教学方式介绍 Photoshop CC 的使用方法和技巧的教程。本书语言平实，内容丰富、专业，并采用了由浅入深、图文并茂的叙述方式，从最基本的技能和知识点开始，辅以大量的上机实例作为导引，帮助读者在较短时间内轻松掌握中文版 Photoshop CC 的基本知识与操作技能，并做到活学活用。

　　本书内容：全书共分为 14 个项目，着重介绍了图像的概念、选区工具及相关功能、画笔工具、图像修饰工具、通道与蒙版、文字工具与字符面板、路径与路径类工具的使用、色彩和色调的调整、滤镜、动作与批处理以及动画等知识。最后通过 26 个综合范例介绍了使用 Photoshop CC 进行文字特效设计、图像处理、包装设计、广告设计以及海报、摄影和网店设计的方法与技巧。

　　本书特点：1. 基础案例讲解与综合项目训练紧密结合贯穿全书，边讲解边操练，学习轻松，上手容易。2.注重学生动手能力和实际应用能力培养的同时，书中还配有大量基础知识介绍和操作技巧说明，加强学生的知识积累。3. 实例典型、任务明确，由浅入深、循序渐进、系统全面，为职业院校和培训班量身打造。4. 每章后都配有练习题，利于巩固所学知识和创新。5. 书中实例收录于光盘中，采用视频讲解的方式，一目了然，学习更轻松！

　　适用范围：适用于职业院校平面设计专业课教材；社会培训机构平面设计培训教材；用 Photoshop 从事平面设计、美术设计、绘画、平面广告、影视设计等从业人员实用的自学指导书。

图书在版编目（CIP）数据

中文版 Photoshop CC 实例教程/张丕军，杨顺花编著. —北京：海洋出版社，2014.10
ISBN 978-7-5027-8945-9

Ⅰ.①中… Ⅱ.①张…②杨… Ⅲ. ①图象处理软件—教材 Ⅳ. ①TP391.41

中国版本图书馆 CIP 数据核字（2014）第 207723 号

总 策 划：刘　斌		**发 行 部：**（010）62174379（传真）（010）62132549
责任编辑：刘　斌		（010）68038093（邮购）（010）62100077
责任校对：肖新民		**网　　　址：**www.oceanpress.com.cn
责任印制：赵麟苏		**承　　　印：**北京旺都印务有限公司
排　　版：海洋计算机图书输出中心　晓阳		**版　　　次：**2014 年 10 月第 1 版
		2014 年 10 月第 1 次印刷
出版发行：海洋出版社		
		开　　　本：787mm×1092mm　1/16
地　　　址：北京市海淀区大慧寺路 8 号（716 房间）		**印　　　张：**18.75
100081		**字　　　数：**450 千字
经　　　销：新华书店		**印　　　数：**1～4000 册
技术支持：（010）62100055		**定　　　价：**38.00 元

本书如有印、装质量问题可与发行部调换

前　言

Photoshop 是由 Adobe 公司开发的图形图像软件，它是一款功能强大、使用范围广泛的图像处理和编辑软件，也是世界标准的图像编辑解决方案。Photoshop 因其友好的工作界面、强大的功能、灵活的可扩充性，已成为专业美工人员、电子出版商、摄影师、平面广告设计师、广告策划者、平面设计者、装饰设计者、网页及动画制作者等必备的工具，也被广大计算机爱好者所钟爱。

本书是针对 Photoshop CC 的初学者、广大平面设计爱好者而撰写的教材。书中采用"典型范例操作+基础知识讲解"的方式，全面系统地介绍了 Photoshop CC 中各种常用工具和命令的使用方法与技巧。

全书共分为 14 个项目，具体介绍如下：

项目 1 通过像素图像引出图像的一些基础知识以及操作方法，认识图像及工具。

项目 2 通过制作标志学习选区工具及相关的功能。

项目 3 通过绘制贺年卡学习画笔工具、画笔面板以及图层顺序等工具与功能。

项目 4 通过对一个照片进行修饰介绍相关的图像修复工具。

项目 5 通过图案按钮介绍使用渐变工具、设置与编辑渐变颜色以及选择性粘贴等的方法。

项目 6 通过将几张图片合成为一张美丽的沙漠集市图片，介绍通道、蒙版与图层的相关知识。

项目 7 通过制作扇形字介绍文字工具、字符与段落面板、在路径上创建文字等。

项目 8 通过画卡通画人物介绍路径与路径类相关工具、形状与形状类相关工具，以及栅格化形状工具等工具与功能的使用与操作。

项目 9 通过调整背光图像介绍色彩、色调的调整以及调整图像的阴影与高光。

项目 10 通过制作砖墙壁介绍滤镜的相关知识。

项目 11 通过制作手表的刻度介绍应用动作、创建动作与批处理等。

项目 12 通过制作色谱流光字动画介绍动画的相关知识。

项目 13 通过绘制山野风景画介绍色彩的相关知识以及擦除工具、涂抹工具与吸管工具的使用。

项目 14 通过多个综合范例介绍了文字特效设计、图像处理、包装设计、广告设计、海报、摄影与网店设计的知识，将所学的知识融会贯通，达到学以致用的目的。

本书内容全面、语言流畅、结构清晰、实例精彩，突出软件功能与实际操作紧密结合的特点；通过典型实例对一些重点、难点进行详细解说。为了方便读者学习，本书配套光盘中提供了练习素材文件、范例最终源文件与效果图以及范例视频文件。

对于初学者来说，本书图文并茂、通俗易懂、上手容易；而对于电脑图形图像处理、设计和创作的专业人士来说，本书则是一本最佳的随时备查的案头工具。本书不仅适合广大平面广告设计、工业设计、企业形象设计、产品包装设计、网页设计与制作以及电脑美术爱好者阅读与学习，同时也可作为高等院校相关专业及社会相关培训教材。

本书由张丕军、杨顺花编写，在编写这本书的过程中还得到了杨喜程、唐帮亮、张大容、莫振安、王靖城、杨昌武、龙幸梅、张声纪、唐小红、杨顺乙、饶芳、韦桂生、王通发、武友连、王翠英、王芳仁、王宝凤、舒纲鸿、龙秀明等朋友的大力支持，在此表示衷心的感谢！

编　者

目　录

第 1 章　认识图像及工具

1.1　一学就会——像素块组成的图像

操作步骤

1　打开 Photoshop CC 程序，按 "Ctrl" + "O" 键或在程序窗口中双击，弹出【打开】对话框，在其中选择要打开的文件，如图 1-1 所示，选择好后单击【打开】按钮，即可将其打开到程序窗口中，如图 1-2 所示，这时我们并没有看到一块一块的颜色块，那是因为它的块非常小，我们看不出来。

图 1-1　【打开】对话框

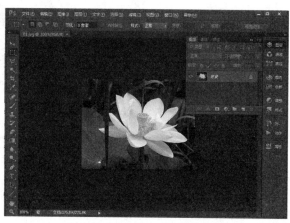
图 1-2　Photoshop CC 程序窗口

2　按 "Ctrl" + "+" 键多次或直接在左下角的显示比例文本框中输入 1200%，将显示比例放大到 1200%，即可看到图像是由许多个颜色块组成的，也就是我们所讲的像素块组成的，画面效果如图 1-3 所示。

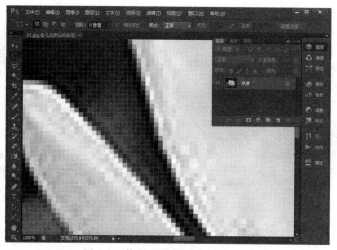
图 1-3　将显示比例放大后的效果

1.2 知识延伸

1.2.1 图像种类

在 Photoshop 中将图像分为两种，一种是位图图像，另一种是矢量图形。

在 Photoshop 文件中既可以包含位图，又可以包含矢量数据。了解两类图像间的差异，对创建、编辑和导入图片很有帮助。

（1）位图图像（也称为点阵图像）是由许多点组成的，其中每一个点称为像素，而每个像素都有一个明确的颜色，如图 1-4 所示。在处理位图图像时，用户所编辑的是像素，而不是对象或形状。

原图像   将原图像放大400％后的效果

图 1-4　位图图像放大前后的效果对比

位图图像是连续色调图像（如照片或数字绘画）最常用的电子媒介，因为它们可以表现阴影和颜色的细微层次。位图图像与分辨率有关，也就是说，它们包含固定数量的像素。如果在屏幕上对它们进行缩放或以低于创建时的分辨率来打印它们，将丢失其中的细节，并会呈现锯齿状。

（2）矢量图形(也称为向量图形)是由被称为矢量的数学对象定义的线条和曲线组成。矢量根据图像的几何特性描绘图像。

矢量图形与分辨率无关，可以将它们缩放到任意尺寸，也可以按任意分辨率打印，而不会丢失细节或降低清晰度。因此，矢量图形在标志设计、插图设计及工程绘图上占有很大的优势。如图 1-5 所示。

图形100％显示时的效果   图形400％显示时的效果

图 1-5　矢量图形放大前后的效果对比

由于计算机显示器呈现图像的方式是在网格上显示图像，因此，矢量数据和位图数据在屏幕上都会显示为像素。

1.2.2　像素和分辨率

要制作高质量的图像，就要掌握图像大小和分辨率的知识。

图像以多大尺寸在屏幕上显示取决于图像的像素大小、显示器大小和显示器分辨率设置等。

像素大小为位图图像的高度和宽度的像素数量。图像在屏幕上的显示尺寸由图像的像素尺寸和显示器的大小与设置决定。如典型的 17 英寸显示器水平显示 1280×1024 个像素。尺寸为 1280×1024 像素的图像将充满屏幕。在像素设置为 1280×1024 的更大的显示器上，同样大小的图像仍将充满屏幕，但每个像素会更大。

当用户制作用于联机显示的图像时（如在不同显示器上查看的 Web 页），像素大小就尤其重要。由于可能在 17 英寸的显示器上查看图像，因此，用户可将图像大小限制为 1280×1024 像素，以便为 Web 浏览器窗口控制留出空间。

分辨率是指在单位长度内所含有的点（像素）的多少，其单位为像素/英寸或像素/厘米，如分辨率为 200dpi 的图像表示该图像每英寸含有 200 个点或像素。了解分辨率对于处理数字图像是非常重要的。

 提示

分辨率的高低直接影响到图像的输出质量和清晰度。分辨率越高，图像输出的质量与清晰度越好，图像文件占用的存储空间和内存需求越大。对于低分辨率扫描或创建的图像，提高图像的分辨率只能提高单位面积内像素的数量，并不能提高图像的输出品质。

1.2.3　色彩属性

要理解和运用色彩，必须掌握进行色彩归纳整理的原则和方法，而其中最主要的是掌握色彩的属性。

色彩可分为无彩色和有彩色两大类。前者如黑、白、灰，后者如红、黄、蓝、绿等七彩色。有彩色就是具备光谱上的某种或某些色相，统称为彩调。与此相反，无彩色就没有彩调。

色彩的三属性是指色彩具有的色相、明度、纯度三种性质。无彩色有明有暗，表现为白、黑，也称色调。有彩色表现很复杂，但可以用三组特征值来确定。其一是彩调，也就是色相；其二是明暗，也就是明度；其三是色强，也就是纯度。

1.2.4　颜色模式

颜色模式是将某种颜色表现为数字形式的模型，或者说是一种记录图像颜色的方式，分为 RGB 模式、CMYK 模式、HSB 模式、Lab 颜色模式、位图模式、灰度模式、索引颜色模式、双色调模式和多通道模式。如图 1-6 所示。

可以在【图像】菜单中执行【模式】下的子菜单命令来转换所需的模式。如图 1-7 所示。

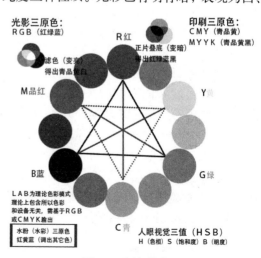

图 1-6　颜色模式图

1. 位图模式

位图模式使用两种颜色值（黑色或白色）表示图像中的像素。位图模式的图像也称为黑白图像，它的每一个像素都是用 1bits 的位分辨率来记录的，所要求的磁盘空间最少。当图像转换为位图模式时，必须先将图像转换为灰度模式后，才能转换为位图模式。

2. 灰度模式

灰度模式使用多达 256 级灰度。灰度图像中的每个像素都有一个 0（黑色）～255（白色）之间的亮度值。灰度值也可以用黑色油墨覆盖的百分比来度量（0%等于白色，100%等于黑色）。使用黑白或灰度扫描仪生成的图像通常以灰度模式显示。

图 1-7 【模式】下的子菜单

尽管灰度是标准颜色模型，但是所表示的实际灰色范围仍因打印条件而异。

当从灰度模式向 RGB 模式转换时，像素的颜色值取决于其原来的灰色值。灰度图像也可转换为 CMYK 图像（用于创建印刷色四色调，而不必转换为双色调模式）或 Lab 彩色图像。

3. 双色调模式

双色调模式通过 2～4 种自定油墨创建双色调（两种颜色）、三色调（三种颜色）和四色调（四种颜色）的灰度图像。要转换成双色调模式，必须先转换成灰度模式。

4. 索引颜色模式

索引颜色模式使用最多 256 种颜色。当转换为索引颜色时，Photoshop 将构建一个颜色查找表(CLUT)，用于存放并索引图像中的颜色。如果原图像中的某种颜色没有出现在该表中，则程序将选取现有颜色中最接近的一种，或使用现有颜色模拟该颜色。

通过限制调色板，索引颜色可以减小文件大小，同时保持视觉品质不变。例如，用于多媒体动画应用或 Web 页。在这种模式下只能进行有限的编辑。若要进一步编辑，应临时转换为 RGB 模式。

5. RGB 颜色模式

Photoshop 的 RGB 颜色模式使用 RGB 模型（绝大多数可视光谱可用红色、绿色和蓝色三色光的不同比例和强度的混合来表示。在这三种颜色的重叠处产生青色、洋红、黄色和白色），为彩色图像中每个像素的 RGB 分量指定一个介于 0（黑色）～255（白色）之间的强度值。例如，亮红色可能 R 值为 246，G 值为 20，而 B 值为 50。当这 3 个分量的值相等时，结果是中性灰色。当所有分量的值均为 255 时，结果是纯白色；当该值为 0 时，结果是纯黑色。

RGB 图像通过三种颜色或通道，可以在屏幕上重新生成多达 1670 万种颜色；这三个通道转换为每像素 24(8×3)位的颜色信息（在 16 位/通道的图像中，这些通道转换为每像素 48 位的颜色信息，具有再现更多颜色的能力）。新建的 Photoshop 图像的默认模式为 RGB 颜色模式，计算机显示器使用 RGB 模型显示颜色。这意味着当在非 RGB 颜色模式（如 CMYK）下工作时，Photoshop 将临时使用 RGB 颜色模式进行屏幕显示。

6. CMYK 颜色模式

在 Photoshop 的 CMYK 颜色模式中，为每个像素的每种印刷油墨指定一个百分比值。为最亮（高光）颜色指定的印刷油墨颜色百分比较低，而为较暗（暗调）颜色指定的百分比较高。在 CMYK 图像中，当 4 种分量的值均为 0%时，就会产生纯白色。

在准备用印刷色打印图像时，应使用 CMYK 颜色模式。将 RGB 图像转换为 CMYK 图像即产生分色。如果由 RGB 图像开始，最好先编辑，然后再转换为 CMYK 颜色模式。在 RGB 颜色模式下，可以使用"校样设置"命令模拟 CMYK 颜色模式转换后的效果，而无需更改图像数据。用户也可以使用 CMYK 颜色模式直接处理从高档系统扫描或导入的 CMYK 图像。

7. Lab 颜色模式

在 Photoshop 的 Lab 颜色模式中，亮度分量(L)范围为 0～100，a 分量（绿—红轴）和 b 分量（蓝—黄轴）范围为-120～+120。Lab 颜色模式是 Photoshop 在不同颜色模式之间转换时使用的中间颜色模式。

要将 Lab 图像打印到其他彩色 PostScript 设备，应首先将其转换为 CMYK 图像。

8. 多通道模式

多通道模式的每个通道使用 256 级灰度。多通道图像对于特殊打印非常有用。

1.2.5 图像文件格式

在 Photoshop CC 中，能够支持 20 多种格式的图像文件，可以打开不同格式的图像进行编辑并存储，也可以根据需要将图像另存为其他的格式。

下面介绍几种常用的文件格式：

- PSD：是 Adobe Photoshop 的文件格式，Photoshop 格式（PSD）是新建图像的默认文件格式，而且是唯一支持所有可用图像模式、参考线、Alpha 通道、专色通道和图层的格式。PSD 格式在保存时会将文件压缩，以减少占用磁盘空间，但 PSD 格式所包含的图像数据信息较多（如图层、通道、剪贴路径、参考线等），因此比其他格式的文件要大得多。由于 PSD 格式的文件保留所有原图像数据信息，因而修改起来较为方便，这也是它的最大优点。在编辑的过程中最好使用 PSD 格式存储文件，但是大多数排版软件不支持 PSD 格式的文件，所以在图像处理完以后，就必须将其转换为其他占用空间小而且存储质量好的文件格式。
- BMP：是图形文件的一种记录格式。BMP 是 DOS 和 Windows 兼容计算机上的标准 Windows 图像格式。BMP 格式支持 RGB 索引颜色、灰度和位图颜色模式，但不支持 Alpha 通道。可以为图像指定 Microsoft Windows 或 OS/2 格式以及位深度。对于使用 Windows 格式的 4 位和 8 位图像，还可以指定 RLE 压缩，这种压缩不会损失数据，是一种非常稳定的格式。BMP 格式不支持 CMYK 颜色模式的图像。
- GIF：图形交换格式(GIF)是在 World Wide Web 及其他联机服务上常用的一种文件格式，用于显示超文本标记语言(HTML)文档中的索引颜色图形和图像。GIF 是一种用 LZW 压缩的格式，目的在于最小化文件大小和电子传输时间。GIF 格式保留索引颜色图像中的透明度，但不支持 Alpha 通道。
- JPEG：联合图片专家组（JPEG）格式是在 World Wide Web 及其他联机服务上常用的一种格式，用于显示超文本标记语言(HTML)文档中的照片和其他连续色调图像。JPEG 格式支持 CMYK、RGB 和灰度颜色模式，但不支持 Alpha 通道。与 GIF 格式不同，JPEG 保留 RGB 图像中的所有颜色信息，但通过有选择地扔掉数据来压缩文件大小。JPEG 图像在打开时自动解压缩。压缩级别越高，得到的图像品质越低；压缩级别越低，得到的图像品质越高。在大多数情况下，"最佳"品质选项产生的结果与原图像几乎无分别。

- TIFF：TIFF 是英文 Tag Image File Format（标记图像文件格式）的缩写，用于在应用程序和计算机平台之间交换文件。TIFF 是一种灵活的位图图像格式，受几乎所有的绘画、图像编辑和页面排版应用程序的支持。而且，几乎所有的桌面扫描仪都可以产生 TIFF 图像。TIFF 格式支持具有 Alpha 通道的 CMYK、RGB、Lab、索引颜色和灰度图像以及无 Alpha 通道的位图模式图像。Photoshop 可以在 TIFF 文件中存储图层。但是，如果在其他应用程序中打开此文件，则只有拼合图像是可见的。Photoshop 也可以用 TIFF 格式存储注释、透明度和多分辨率金字塔数据。在 Photoshop 中保存为 TIFF 格式会让用户选择是 PC 机还是苹果机格式，并可选择是否使用压缩处理，它采用的是 LZW Compression 压缩方式，这是一种几乎无损的压缩形式。

- Photoshop EPS：压缩 PostScript(EPS)语言文件格式可以同时包含矢量图形和位图图形，并且几乎所有的图形、图表和页面排版程序都支持该格式。EPS 格式用于在应用程序之间传递 PostScript 语言图片。当打开包含矢量图形的 EPS 文件时，Photoshop 栅格化图像，将矢量图形转换为像素。EPS 格式支持 Lab、CMYK、RGB、索引颜色、双色调、灰度和位图颜色模式，但不支持 Alpha 通道。EPS 还可以支持剪贴路径。桌面分色(DCS)格式是标准 EPS 格式的一个版本，可以存储 CMYK 图像的分色。使用 DCS 2.0 格式可以导出包含专色通道的图像。若要打印 EPS 文件，必须使用 PostScript 打印机。

- TGA：TGA(Targa)格式专门用于使用 Truevision 视频卡的系统，并且通常受 MS-DOS 色彩应用程序的支持。Targa 格式支持 16 位 RGB 图像（5 位×3 种颜色通道，加上一个未使用的位）、24 位 RGB 图像（8 位×3 种颜色通道）和 32 位 RGB 图像（8 位×3 种颜色通道，加上一个 8 位 Alpha 通道）。Targa 格式也支持无 Alpha 通道的索引颜色和灰度图像。当以这种格式存储 RGB 图像时，可以选取像素深度，并选择使用 RLE 编码来压缩图像。

- PCX：PCX 格式通常用于 IBM PC 兼容计算机。PCX 格式支持 RGB、索引颜色、灰度和位图颜色模式，但不支持 Alpha 通道。PCX 格式支持 RLE 压缩方法。图像的位深度可以是 1、4、8 或 24。

- PICT 文件：是英文 Macintosh Picture 的简称。PICT 格式作为在应用程序之间传递图像的中间文件格式，广泛应用于 Mac OS 图形和页面排版应用程序中。PICT 格式支持具有单个 Alpha 通道的 RGB 图像和不带 Alpha 通道的索引颜色、灰度和位图模式的图像。PICT 格式在压缩包含大面积纯色区域的图像时特别有效。对于包含大面积黑色和白色区域的 Alpha 通道，这种压缩的效果惊人。以 PICT 格式存储 RGB 图像时，可以选取 16 位或 32 位像素的分辨率。对于灰度图像，可以选取每像素 2 位、4 位或 8 位。在安装了 QuickTime 的 Mac OS 中，有 4 个可用的 JPEG 压缩选项。

1.2.6 Photoshop CC 的启动与窗口环境

Photoshop CC 安装完成后，在 Windows 系统【开始】菜单的【程序】子菜单中会自动出

现 Adobe Photoshop CC 程序图标，单击
【Adobe Photoshop CC】，即 可 启 动
Photoshop CC 程 序，首 先 出 现 的 是
Photoshop CC 的引导画面，如图 1-8 所示。
等检测完后即可进入 Photoshop CC 程序窗
口，如图 1-9 所示。

　　Photoshop CC 的窗口环境是编辑、
处理图形、图像的操作平台，它由应用程
序栏、菜单栏、选项栏、工具箱、控制面
板、最小化按钮、最大化按钮、关闭按钮
等组成。

图 1-8　Photoshop CC 的引导画面

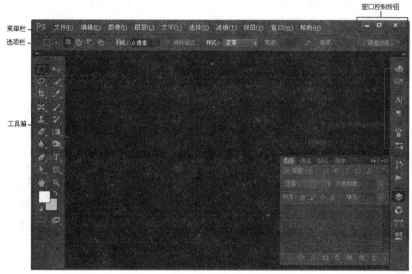

图 1-9　Photoshop CC 程序窗口

窗口控制按钮由 ▬ □ ✕ 组成：

- ▬（最小化）按钮：在文档窗口中单击该按钮，窗口缩小为一个小图标；在程序窗
  口中，单击该按钮，窗口缩小为一个小图标并存放到任务栏中。
- □（最大化）按钮：单击 □ 按钮，则窗口放大并且覆盖整个屏幕。该按钮变成 ⬚ 时
  称为恢复按钮，单击该按钮，窗口缩小为一部分显示在屏幕中间。
- ✕（关闭）按钮：单击该按钮将关闭窗口。

1.2.7 Photoshop CC 的基本操作

1. 新建文档与文档窗口

　　在 Photoshop CC 启动完成时，并没有显示文档窗口，需要新建或打开一个文档来显示文
档窗口。

　　如果要建立一个新的图像文档，可以在菜单中执行【文件】→【新建】命令，或按快捷
键 "Ctrl" + "N"，弹出如图 1-10 所示的对话框，在此对话框中可以设置新建文档的名称、
大小、分辨率、模式、背景内容和颜色配置文档等。

- 【名称】：在【名称】文本框中可以输入新建的文档名称，中英文均可。如果不输入自定的名称，则程序将使用默认文档名。如果建立多个文档，则文档按未标题-1、未标题-2、未标题-3……依次给文档命名。
- 【预设】：可以在【预设】下拉列表中选择所需的画布大小。
  - ➢ 宽度/高度：用户可以自定图像大小（也就是画布大小），即在【宽度】和【高度】文本框中输入图像的宽度和高度，还可以根据需要在其后的下拉列表中选择所需的单位，如英寸、厘米、派卡和点等。
  - ➢ 分辨率：在此可设置文档的分辨率，分辨率单位通常使用像素/英寸和像素/厘米。
  - ➢ 颜色模式：在其下拉列表中可以选择图像的颜色模式，通常提供的图像颜色模式有位图、灰度、RGB 颜色、CMYK 颜色及 Lab 颜色 5 种。
  - ➢ 背景内容：也称背景，也就是画布颜色，通常选择白色。
- 【高级】：单击【高级】前的按钮，可显示或隐藏高级选项栏。
  - ➢ 颜色配置文件：在其下拉列表中可选择所需的颜色配置文档。
  - ➢ 像素长宽比：在其下拉列表中可选择所需的像素纵横比。

确认输入的内容无误后，单击【确定】按钮，就可以建立一个空白的新图像文档，如图 1-11 所示，可以在其中绘制图像。

图 1-10 【新建】对话框

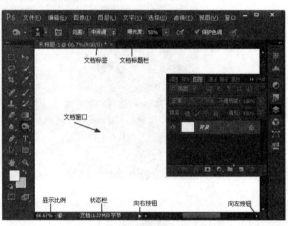

图 1-11 空白的新图像文档

文档窗口是图像文档的显示区域，也是编辑或处理图像的区域。在文档标签上显示文档的名称、格式、显示比例、色彩模式和图层状态。如果该文档是新建的文档并未保存过，则文档名称为未标题加上连续的数字来当作文档的名称。

在文档窗口中用户可以实现所有的编辑功能，也可以对文档窗口进行多种操作，如改变窗口大小和位置、对窗口进行缩放、最大化与最小化窗口等。

> **提示**
>
> 将指针指向文档标签，并在文档标签上按下左键拖动，即可拖动文档窗口到所需的位置，从而成浮停状态；将指针指向文档窗口的四个角或四边上，当指针成双向箭头状时按下左键拖动可缩放文档窗口。

如果要关闭文档窗口，可以在文档标签的右侧单击▨（关闭）按钮，将文档窗口关闭。

2. 打开文件

如果需要对已经编辑过或编辑好的文件（它们不在程序窗口）进行继续或重新编辑，或者需要打开一些以前的绘图资料，或者需要打开一些图片进行处理等，则可以使用【打开】命令来打开文件。

（1）使用【打开】命令打开文件

在菜单中执行【文件】→【打开】命令（或按"Ctrl"＋"O"键或在 Photoshop 的灰色区双击），便会弹出如图 1-12 所示的对话框。

【打开】对话框中的小图标说明如下：

● 搜索 1（搜索栏）：在其中可以输入要查找的文件或文件夹。例如，在搜索栏中设置 004，然后按回车键后就会在下面显示在哪里搜索所需的内容，如图 1-13 所示。在此选择计算机，就会显示许多与 004 有关的文件，如图 1-14 所示。

图 1-12 【打开】对话框　　　　　　　　图 1-13 【打开】对话框

● ：搜索过文件后， 图标就会呈 可用状态，单击它就可转到已访问的上一个文件夹或上一个对象； 图标就会呈 可用状态，单击它就可转到已访问的下一个文件夹或下一个对象。

● ：在其中显示当前文件路径，单击 "按钮，会弹出一个菜单，在其中可以选择所需的文件所在的位置，如图 1-15 所示，单击 按钮，可以刷新当前窗口中的显示。

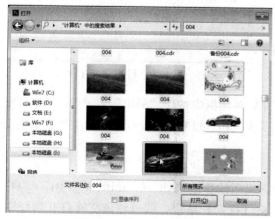

图 1-14 【打开】对话框

图 1-15 下拉菜单

- 新建文件夹：单击 新建文件夹 按钮可新增一个新文件夹，用户可直接输入所需的名称对该新建文件夹进行命名，也可采用默认名称。
- ：单击列表图标出现一个下拉菜单，如图 1-16 所示，可选择其中的任何一项，如果选择【中等图标】，则在下面的文件窗口中就会以中等图标形式显示，如图 1-17 所示。
- ：单击按钮可显示相关的帮助信息。
- 组织：单击【组织】按钮，会弹出一个菜单，如图 1-18 所示，可在其中执行相关命令对当前窗口中的文件或文件夹进行操作，如剪切、复制、粘贴等。

 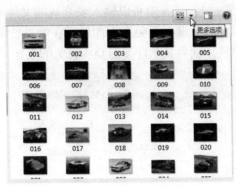 

图 1-16 下拉菜单   图 1-17 中等图标显示效果   图 1-18 【组织】下拉菜单

在【打开】对话框的左边栏中选择【本地磁盘（H）】，如图 1-19 所示，然后在文件窗口中双击"盘发技巧"文件夹，就可以打开该文件夹，如图 1-20 所示。在打开的文件夹中双击要打开的文件，如 001，就可以将此文件打开到程序窗口中，如图 1-21 所示。

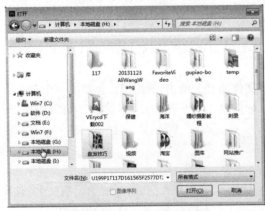 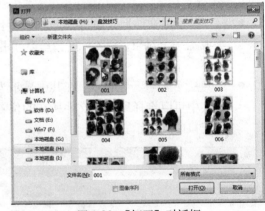

图 1-19 【打开】对话框   图 1-20 【打开】对话框

如果要同时打开多个文件，则需在【打开】对话框中按住"Shift"或"Ctrl"键不放，然后用鼠标选择所需打开的文件，再单击【打开】按钮。如果不需要打开任何文件则单击【取消】按钮即可。

（2）以某种格式打开文件

在菜单中执行【文件】→【打开为】命令（或用快捷键"Alt"+"Shift"+"Ctrl"+"O"），在弹出的对话框中选择好所需的文件后，单击【打开】按钮，即可将该文件打开到程序窗口中。

它与【打开】命令不同的是，所要打开的文件类型要与【打开为】下拉列表中的文件类型一致，否则就不能打开此文件。而【打开】命令则可以打开所有 Photoshop 支持的文件。

（3）打开最近文件

利用【最近打开文件】命令，可以打开最近处理或编辑过的文件，在菜单中执行【文件】→【最近打开文件】命令，如图 1-22 所示，在【最近打开文件】子菜单中选择所需的文件即可。

图 1-21　打开的图像文件

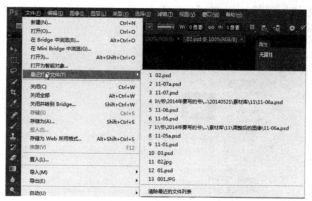

图 1-22　【最近打开文件】的子菜单

提示

最近处理的文件数目可以自定，在菜单中执行【编辑】→【首选项】→【文件处理】命令，即可弹出如图 1-23 所示的【首选项】对话框，在其中的【近期文件列表包含__个文件】的文本框中输入所需记录的文件数目，单击【确定】按钮即可。

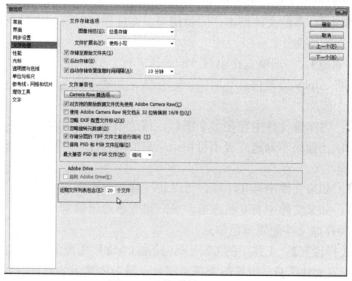

图 1-23　【首选项】对话框

3. 存储文件

（1）利用【存储为】命令存储文件

如果不想对原图像进行编辑与修改，则需要将其另存为一个副本来进行编辑与修改。

在菜单中执行【文件】→【存储为】命令或按 "Ctrl" + "Alt" + "S" 键，弹出如图 1-24 所示的对话框，它的作用在于对保存过的文件另外保存为其他文件或其他格式的文件，在这里是将前面打开的文件另存为其他的格式，如 JPEG 格式，选择好后单击【保存】按钮，接着弹出【JPEG 选项】对话框，在其中设置所需的图像品质，如图 1-25 所示，设置好后单击【确定】按钮，即可将其另存为 JPEG 格式的文件。

如果在存储时该文件名与前面保存过的文件重名，则会弹出一个警告对话框，如果确实要进行替换，单击【确定】按钮，如果不替换原文件，则单击【取消】按钮，然后再对其进行另外命名或选择另一个保存位置。

图 1-24 【另存为】对话框

图 1-25 【JPEG 选项】对话框

【另存为】对话框选项说明如下：
- 【存储】：在此栏中可选择要存储的选项。
  - 【作为副本】：存储文件副本，同时使当前文件保持打开，也就是对原文件进行备份但不影响原文件。
  - 【Alpha 通道】：当图像文件中有 Alpha 通道时，Alpha 通道成为活动可用状态，勾选它则将 Alpha 通道信息与图像一起存储。如果不勾选它则将 Alpha 通道从存储的图像中删除。
  - 【图层】：当图像文件中存在多个图层，该选项可用，如果勾选它则保留图像中的所有图层。如果不勾选或者不可用，所有的可视图层将拼合或合并（取决于所选格式）。
  - 【注释】：如果文件中存在注释，可以将注释与图像一起存储。
  - 【专色】：如果文件中有专色通道，可以将专色通道信息与图像一起存储。
- 【颜色】：为存储文件配置颜色信息。
  - 【使用校样设置】：工作中的 CMYK：检测 CMYK 图像溢色功能。
  - 【ICC 配置文件(C)】：设置图像在不同显示器中所显示的颜色一致。
- 【缩览图】：存储文件缩览图数据。
- 【使用小写扩展名】：使文件扩展名为小写。

(2) 利用【存储】命令存储文件

【存储】命令经常用于存储对当前文件所做的更改，每一次存储都将会替换前面的内容。

如果是打开的或者是编辑好已经存储过的文件，并且不想替换原文件或原来的内容，则需使用【存储为】命令。在 Photoshop 中，以当前格式存储文件。

4. 关闭文件

当编辑和绘制好一幅作品后需要存储并关闭该图像窗口。

在图像窗口标题栏上单击 ✕（关闭）按钮，或在菜单中执行【文件】→【关闭】命令或按 "Ctrl" + "W" 键，即可将存储过的图像文件直接关闭。

如果该文件还没有存储过或是存储后又更改过，那么它会弹出如图 1-26 所示的对话框，询问是否要在关闭之前对该文档进行存储，如果存储就单击【是】按钮，如果不存储就单击【否】按钮，如果不关闭该文档就单击【取消】按钮。

图 1-26　警告对话框

1.2.8　Photoshop CC 的退出

当不需要使用该程序或休息时，可以将 Photoshop CC 程序退出。在菜单中执行【文件】→【退出】命令或单击应用程序栏上的 ✕（关闭）按钮，以及按 "Alt" + "F4" 键或按 "Ctrl" + "Q" 键，都可退出程序，程序中的所有文档将随之一起退出程序。如果有文档没有存储，就会弹出如图 1-27 所示的警告对话框，提示是否要存储该文档。

图 1-27　警告对话框

1.3　思考与练习

一、填空题

1. 位图图像（也称为＿＿＿＿＿＿＿＿）是由＿＿＿＿＿＿＿＿组成的，其中每一个点称为像素，而每个像素都有一个明确的颜色。在处理位图图像时，所编辑的是＿＿＿＿＿＿＿＿，而不是＿＿＿＿＿＿＿＿或＿＿＿＿＿＿＿＿。

2. 矢量图形（也称为＿＿＿＿＿＿＿）是由＿＿＿＿＿＿＿＿＿＿＿＿＿定义的线条和曲线组成。矢量根据图像的＿＿＿＿＿＿＿＿描绘图像。

3. 矢量图形与＿＿＿＿＿＿＿无关，可以将它们缩放到＿＿＿＿＿＿＿，也可以按＿＿＿＿＿＿＿＿打印，而不会丢失细节或降低清晰度。

二、选择题

1. 按以下哪个快捷键可以打开文件？　　　　　　　　　　　　　　　　　　　（　　）
  A. Ctrl+O   B. Ctrl+S   C. Ctrl+A   D. Ctrl+C

2. 按以下哪两个快捷键可以退出程序？　　　　　　　　　　　　　　　　　　（　　）
  A. Alt+F4   B. Ctrl+Q   C. Ctrl+F   D. Ctrl+B

3. 按以下哪个快捷键可以创建新文件？　　　　　　　　　　　　　　　　　　（　　）
  A. Ctrl+E   B. Ctrl+R   C. Ctrl+N   D. Ctrl+G

4. 按以下哪两个快捷键可以保存文件？　　　　　　　　　　　　　　　　　　（　　）
  A. Ctrl+W   B. Ctrl+Shift+S C. Ctrl+O   D. Ctrl+S

三、小试牛刀——打开图片认识像素

按"Ctrl"+"O"键打开一个图像文件，如图 1-28 所示。按"Ctrl"+"+"键将画面放大到 600%时，便会发现原来图像是由许多颜色块组成的，如图 1-29 所示；再按"Ctrl"+"+"键将画面放大到 1200%时将看得更清楚，如图 1-30 所示。

图 1-28　打开的图像文件　　　图 1-29　放大后的效果　　　图 1-30　再次放大后的效果

第2章　选区工具的使用

2.1　一学就会——标志设计

在进行标志设计时，主要应用了新建、创建新图层、矩形选框工具、填充、椭圆选框工具、存储选区、图层样式、载入选区、描边、自由变换、横排文字工具等工具与命令。

实例效果如图 2-1 所示。

图 2-1　绘制好的标志效果图

操作步骤

1　按"Ctrl"+"N"键弹出【新建】对话框，在其中设置【宽度】为 500 像素，【高度】为 500 像素，【分辨率】为 96.012 像素/英寸，【背景内容】为白色，如图 2-2 所示，单击【确定】按钮，即可新建一个文件。

2　在【图层】面板中单击 （创建新图层）按钮，新建图层 1，如图 2-3 所示，再在工具箱中选择 矩形选框工具，并在选项栏中设置【样式】为固定大小，【宽度】为 145 像素，【高度】为 250 像素，然后在画面的适当位置单击，即可得到所需大小的矩形，如图 2-4 所示。

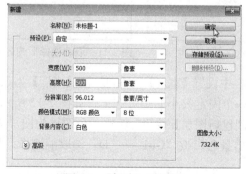

图 2-2　【新建】对话框

图 2-3　【图层】面板

3　设置前景色为#017a52，按"Alt"+"Delete"键填充前景色，即可得到如图 2-5 所示的效果。

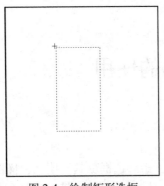

图 2-4　绘制矩形选框

图 2-5　填充颜色后的效果

4　按"Ctrl"+"+"键将画面放大，再在工具箱中选择 椭圆选框工具，在画面中矩形的上方绘制一个椭圆选框，如图 2-6 所示，然后将椭圆选框向上移动到与矩形上方的两个顶点对齐，如图 2-7 所示，按"Alt"+"D"键填充前景色，即可得到如图 2-8 所示的效果。

图 2-6　绘制椭圆选框

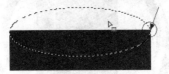

图 2-7　将选框对齐相应点

图 2-8　填充颜色后的效果

5　按"Shift"键将椭圆选框向下移动到矩形底部，并使左右两端点与矩形下方的两个顶点对齐，然后按"Delete"键将选框内的内容删除，删除后的效果如图 2-9 所示。在【选择】菜单中执行【存储选区】命令，弹出【存储选区】对话框，并在其中给它命名，如图 2-10 所示，单击【确定】按钮，即可将其保存起来，以备后用，按"Ctrl"+"D"键取消选择，再按"Ctrl"+"-"键将画面缩小，画面效果如图 2-11 所示。

图 2-9　移动选区并删除后的效果

图 2-10　【存储选区】对话框

图 2-11　取消选择后的效果

6　在工具箱中选择 矩形选框工具，在选项栏中设置【宽度】为 56 像素，【高度】为 250 像素，然后在画面中的适当位置单击，即可得到一个固定大小的矩形选框，如图 2-12 所示。

7　在【图层】面板中激活背景层，再单击【创建新图层】按钮，新建一个图层为图层 2，如图 2-13 所示。接着按"Alt"+"Del"键填充前景色，按"Ctrl"+"D"键取消选择，得到如图 2-14 所示的效果。

8　使用椭圆选框工具在小矩形的下方绘制一个椭圆选框，如图 2-15 所示，按↓（向下）键将椭圆选框向下移动，使椭圆选框的两端至矩形下方的两个顶点对齐，如图 2-16 所示。再按"Alt"+"Del"键填充前景色，得到如图 2-17 所示的效果。

图 2-12　绘制矩形选框

图 2-13　【图层】面板

图 2-14　填充颜色后的效果

图 2-15　绘制椭圆选框

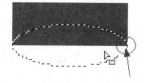

图 2-16　将选框对齐相应点

图 2-17　填充颜色后的效果

9　按↑（向上）键将椭圆选框的两端移至矩形上方的两个顶点上，如图 2-18 所示，再按"Del"键将选区内容删除，删除并取消选择后的效果如图 2-19 所示。按"Ctrl"＋"–"键缩小画面，其画面效果如图 2-20 所示。

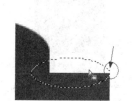

图 2-18　将选框对齐相应点

图 2-19　删除选区内容后的效果

图 2-20　取消选择后的效果

10　在【图层】面板中双击图层 1，弹出【图层样式】对话框，在其中选择【描边】选项，再在右边栏中设置【大小】为 2 像素，【颜色】为白色，其他不变，如图 2-21 所示，设置好后单击【确定】按钮，即可得到如图 2-22 所示的效果。

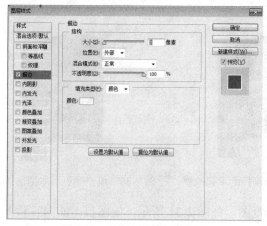

图 2-21　【图层样式】对话框

图 2-22　描边后的效果

11 在【选择】菜单中执行【载入选区】命令，弹出【载入选区】对话框，在其中的【通道】列表选择前面保存的"01"通道（即"01"选区），其他不变，如图 2-23 所示，单击【确定】按钮，即可将原来保存的选区重新载入到画面中，如图 2-24 所示。

图 2-23 【载入选区】对话框

图 2-24 载入的选区

12 在【图层】面板中单击【创建新图层】按钮，新建图层 3，如图 2-25 所示，再在【编辑】菜单中执行【描边】命令，弹出【描边】对话框，在其中设置【宽度】为 2 像素，【颜色】为白色，【位置】为居中，其他不变，如图 2-26 所示，设置好后单击【确定】按钮，按"Ctrl"+"D"键取消选择，即可得到如图 2-27 所示的效果。

图 2-25 【图层】面板

图 2-26 【描边】对话框

图 2-27 描边后取消选择的效果

13 在【图层】面板中单击【创建新图层】按钮，新建图层 4，如图 2-28 所示。

14 在工具箱中选择 █ 单列选框工具，并在选项栏 █ ▪ ◻ ◻ ◻ 中选择【添加到选区】按钮，然后在画面中不同位置依次单击三次，得到三条选框，如图 2-29 所示。

15 设置背景色为白色，按"Ctrl"+"Del"键填充背景色，再按"Ctrl"+"D"键取消选择，得到如图 2-30 所示的效果。

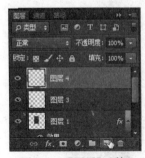

图 2-28 【图层】面板

图 2-29 绘制好的单列选框

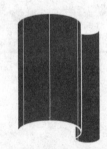

图 2-30 填充颜色后取消选择的效果

16 按"Ctrl"键单击图层 1 的图层缩览图，如图 2-31 所示，使图层 1 的内容载入选区，得到如图 2-32 所示的选区。

17 在【图层】面板的底部单击【添加图层蒙版】按钮，为图层 4 添加蒙版，如图 2-33 所示，从而将多余的线条隐藏，隐藏后的效果如图 2-34 所示。

图 2-31　【图层】面板

图 2-32　载入的选区

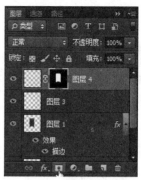

图 2-33　【图层】面板

18 在【图层】面板中设置【不透明度】为 50%，如图 2-35 所示，将不透明度降低，其画面效果如图 2-36 所示。

图 2-34　由选区建立图层蒙版后的效果

图 2-35　【图层】面板

图 2-36　设置不透明度后的效果

19 在【图层】面板中新建图层 5，如图 2-37 所示，接着在工具箱中选择▣椭圆选框工具，在选项栏中设置【宽度】与【高度】均为 420 像素，然后在画面中单击，得到一个圆形选框，如图 2-38 所示。

图 2-37　新建图层

图 2-38　用椭圆选框工具绘制圆形选框

20 按"Alt"+"Del"键填充前景色，再按"Ctrl"+"D"键取消选择，得到如图 2-39 所示的效果。接着选择椭圆选框工具，在选项栏中设置【宽度】为 390 像素，【高度】为 390 像素，再在画面中适当位置单击，得到一个圆形选框，如图 2-40 所示。

21 按"Del"键将选区内容删除，再按"Ctrl"+"D"键取消选择，得到如图 2-41 所示的效果。

图 2-39 填充颜色后的效果　　图 2-40 用椭圆选框工具绘制圆形选框　　图 2-41 删除选区内容后的效果

22 按"Ctrl"+"J"键复制一个副本，如图 2-42 所示，画面没有什么变化。再在【编辑】菜单中执行【变换】→【垂直翻转】命令，将副本进行垂直翻转，画面效果如图 2-43 所示。

23 按"Ctrl"+"T"键执行【自由变换】命令，显示变换框，再对变换框进行大小调整，然后移至所需的位置，如图 2-44 所示，调整好后在变换框中双击确认变换。

图 2-42 复制图层　　　　　图 2-43 翻转副本后的效果　　　图 2-44 对副本进行变换调整

24 在工具箱中选择 T 横排文字工具，在画面的中间位置单击并输入所需的文字，再根据需要在选项栏中设置字体与字号大小，如图 2-45 所示。

25 在【图层】面板中双击文字图层，弹出【图层样式】对话框，在其中选择【描边】选项，再设置【描边大小】为 3 像素，【颜色】为白色，其他不变，如图 2-46 所示，单击【确定】按钮，即可给文字进行白色描边，画面效果如图 2-47 所示。标志就绘制完成了。

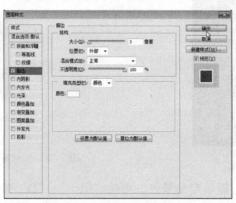

图 2-45 用横排文字工具输　　图 2-46 【图层样式】对话框　　图 2-47 最终效果图
　　　　　入的文字

2.2　知识延伸

2.2.1　选框工具

　　Photoshop CC 提供了 4 种选框工具，即█矩形选框工具、█椭圆选框工具、█单行选框工具和█单列选框工具。在英文输入法状态下，按 "M" 键可以选择矩形选框工具或椭圆选框工具，按 "Shift" + "L" 键可以在矩形选框工具与椭圆选框工具之间进行切换选择。

　　使用矩形选框工具可以绘制矩形选区；使用椭圆选框工具可以创建椭圆选区；使用单行选框工具可以创建单行选区；使用单列选框工具可以创建单列选区。如果按下 "Shift" 键再拖动矩形选框工具可以向已有选区添加选区，按 "Alt" 键可以从选区中减去选区。

　　1．矩形选框工具

　　在工具箱中选择█矩形选框工具，其选项栏中就会显示相关选项，如图 2-48 所示，可以直接在画面中从一点向另一点拖动，绘制出一个矩形框（也称选区），如图 2-49 所示。

| ▦ | ▪ 🟥 🟥 🟥 | 羽化：0 像素 | □ 消除锯齿 | 样式：正常 ⬍ | 宽度： | ⇄ | 高度： | 调整边缘... |

图 2-48　矩形选框工具选项栏

矩形选框工具的选项栏说明如下：

- ■（新选区）按钮：选择它时，可以创建新的选区，如果已经存在选区，则会去掉旧选区，而创建新的选区；在选区外单击，则取消选择。
- ■（添加到选区）按钮：选择它时可以创建新的选区，也可在原来选区的基础上添加新的选区，相交部分选区的滑动框将去除，同时形成一个选区，如图 2-50 所示。

图 2-49　绘制矩形框

图 2-50　添加新的选区

- ■（从选区减去）按钮：选择它时可以创建新的选区，也可在原来选区的基础上减去不需要的选区，如图 2-51 所示。
- ■（与选区交叉）按钮：选择它时可以创建新的选区，也可以创建出与原来选区相交的选区，如图 2-52 所示。

图 2-51　减去不需要的选区

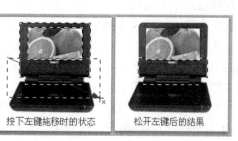

图 2-52　创建与原来选区相交的选区

- 羽化：在其文本框中输入相应的数值可以软化硬边缘，也可以使选区填充的颜色（如白色）向其周围逐步扩散，如图 2-53 所示。在【羽化】文本框中输入数据（其取值范围为 0~255）可设置羽化半径。

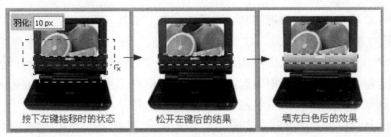

图 2-53　羽化与填充选区

- 【样式】：在【样式】下拉列表中可选择所需的样式，如图 2-54 所示。

图 2-54　样式选项

  - ➤ 正常：为 Photoshop 默认的选择方式，也是通常用的方式。在选择这种方式的情况下，可以拖出任意大小的矩形选区。
  - ➤ 固定比例：选择这种方式，则【样式】后的选项由不可用状态变为活动可用状态，在其文本框中输入所需的数值来设置矩形选区的长宽比，它和正常方式一样，都是需要拖动来选取矩形选区，不同的是它拖出约束了长宽比的矩形选区。
  - ➤ 固定大小：选择这种方式，可以通过在其中输入所需的数值，从而直接在画面中单击便可得到固定大小的矩形选区。

 提示

　　在这一节中详细介绍了选框工具选项栏中的各选项的作用。而在 Photoshop 程序中，一些工具的选项栏有许多相同的选项，因此在介绍其他工具时就不再重复介绍相同的选项。

2. 椭圆选框工具

使用椭圆选框工具可以绘制椭圆选区。

上机实战　使用椭圆选框工具绘制选区

　1　在工具箱中选择█椭圆选框工具，其操作方法与矩形选框工具的操作方法一样，不过在椭圆选框工具的选项栏中【消除锯齿】选项成为可用状态，如果选择【消除锯齿】选项则会在锯齿之间填入中间色调，并从视觉上消除锯齿现象。

　2　在椭圆选框工具的选项栏中勾选【消除锯齿】选项，在画面中从一点向另一点拖动，绘制出一个椭圆选区，如图 2-55 所示。在选项栏中选择█按钮，取消【消除锯齿】选项的勾选，然后在画面中再绘制一个椭圆选区，如图 2-56 所示。

　3　按 "Alt" + "Del" 键用前景色（黑色）填充选区，按 "Ctrl" + "D" 键取消选择，再按 "Ctrl" + "+" 键将画面放大，即可看到选择与不选择【消除锯齿】选项的区别，如图 2-57 所示。

勾选【消除锯齿】选项填充后的效果

没有勾选【消除锯齿】选项填充后的效果

图 2-55 绘制椭圆选区   图 2-56 绘制椭圆选区   图 2-57 选择与不选择【消除锯齿】选项的对比图

3. 单行、单列选框工具

使用单行选框工具可以创建一个像素宽的水平选框。使用单列选框工具可以创建一个像素宽的垂直选框。直接在画面中单击即可创建一个像素宽的选框。

2.2.2 套索工具

Photoshop CC 提供了 3 种套索工具，即套索工具、多边形套索工具与磁性套索工具。在英文输入法状态下，按"L"键可选择套索工具、多边形套索工具或磁性套索工具，按"Shift"+"L"键可以在这组套索工具之间进行切换选择。

1. 套索工具

使用套索工具可以选取任一形状的选区。

在工具箱中选择 套索工具，其选项栏中就会显示它的相关选项，如图 2-58 所示，其中的选项与矩形选框工具中的选项相同，作用与用法一样，这里就不重复了。

图 2-58 套索工具选项栏

在使用套索工具时，可以通过任意拖动来绘制所需的选区。

（1）当从起点处向终点处拖移鼠标，并且起点与终点不重合时，松开左键后，系统会自动在起点与终点之间用直线连接，从而得到一个封闭的选区，如图 2-59 所示。

（2）从起点处按下左键向所需的方向拖移，直至返回到起点处才松开左键，即可得到一个封闭的曲线选框。

（3）如果要在曲线中绘制直线选框，可以按下"Alt"键后松开左键，然后移动指针到所需的点单击。

按下左键拖移时的状态   松开左键后的结果

图 2-59 绘制选区

 提示

实际上在使用套索工具创建选区时，按下"Alt"键就是切换到多边形套索工具。

2. 多边形套索工具

使用多边形套索工具可以选取任一多边形选区。

 上机实战 **使用多边形套索工具选择选区**

1 在工具箱中选择 多边形套索工具，如图 2-60 所示，其选项栏中就会显示它的相关选项，它的选项栏与套索工具的选项栏一样。

2 通过单击来确定点，直至返回到起点。当指针呈 状时单击完成，从而选取所需的多边形选区，如图 2-61 所示。

图 2-60　选择多边形套索工具

依次在关键点上单击，并返　　　　在起点处单击后得到的选框
回到起点处时的状态

图 2-61　绘制选区

通过单击确定了一个点或几个点后，可按下鼠标左键移动指针围绕这个点进行旋转，到所需的位置时松开鼠标左键，即可确定该直线段的位置和长度。也可以在确定一个点后，松开鼠标左键再移动指针到一定位置后单击，同样可以确定该直线段的位置和长度。

3. 磁性套索工具

磁性套索工具具有识别边缘的作用。利用它可以从图像中选取所需的部分。

 上机实战 **使用磁性套索工具绘制选区**

1 按"Ctrl"+"O"键从配套光盘的素材库中打开一个文件，接着在工具箱中选择 磁性套索工具，其选项栏中就会显示如图 2-62 所示的选项。

羽化: 0 像素　　消除锯齿　　宽度: 10 像素　对比度: 10%　频率: 57　　调整边缘…

图 2-62　磁性套索工具选项栏

2 在画面中单击确定起点，再移动指针，然后在一个关键点处单击，接着再移动指针，这样反复操作，直至返回到起点处，当指针呈 状时单击，即可完成图像的选择，如图 2-63 所示。

1.在边缘处单击确定起点　　2. 确定起点后在边缘　　3. 在一些关键点处可以单击，　4. 在起点处单击完成区域的选择
移动指针时的状态　　　　以固定点，再继续移动指针到起
点后指针右下角显示一个句号

图 2-63　绘制选区

磁性套索工具选项栏说明如下：

- 【宽度】：在其文本框中可输入 1～256 之间的数值，从而确定选取时探查的距离，数值越大探查的范围就越大。
- 【对比度】：在其文本框中可输入 1%～100%之间的数值设置套索的敏感度，大的数值可用来探查对比度高的边缘，小的数值可用来探查对比度低的边缘。
- 【频率】：在其文本框中可输入 0～100 之间的数值设置以什么频度设置紧固点，数值越大选取外框紧固点的速率越快——较高的数值会更快地固定选区边框。
- 🖊（使用绘图板压力更改钢笔宽度）按钮：如果用户使用光笔绘图板来绘制与编辑图像，并且选择了该选项，则在增大光笔压力时将导致边缘宽度减小。

2.2.3　快速选择工具

利用 ✒快速选择工具在画面中单击目标画面，就可以准确而快速地选择需要被勾选到的地方，也可以在画面中拖动指针来选择所需的区域。

上机实战　使用快速选择工具选取图像

1　按"Ctrl"+"O"键从配套光盘的素材库中打开一个文件，在工具箱中选择 ✒快速选择工具，其选项栏中就会显示如图 2-64 所示的选项。

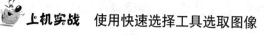

图 2-64　快速选择工具选项栏

2　将快速选择工具移动到画面中要选择的地方单击，即可选择与所单击点相邻的区域，如图 2-65 所示。

快速选择工具选项栏说明如下：

- ✒（新选区）按钮：选择它时可以创建新的选区，如果已经存在选区，则会去掉旧选区，而创建新的选区。
- ✒（添加到选区）按钮：选择它时可以创建新的选区，也可在原来选区的基础上添加新的选区。
- ✒（从选区减去）按钮：选择它时可以创建新的选区，也可在原来选区的基础上减去不需要的选区。
- 【画笔】：在选项栏中单击 ⭕按钮，弹出如图 2-66 所示的【画笔】弹出式面板，在其中可设置画笔的直径、硬度、间距、角度、圆度和大小。

图 2-65　选择区域

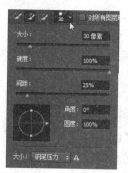

图 2-66　【画笔】弹出式面板

- 【对所有图层取样】：基于所有图层（而不是仅基于当前选定图层）创建一个选区。
- 【自动增强】：减少选区边界的粗糙度和块效应。选择【自动增强】选项会自动将选区向图像边缘进一步流动并应用一些边缘调整，也可以通过在【调整边缘】对话框中使用【平滑】、【对比度】和【半径】选项手动应用这些边缘调整。

2.2.4 魔棒工具

利用 魔棒工具可以选择颜色一致的区域，而不必跟踪其轮廓。可以通过在图像上单击指定魔棒工具选区的颜色，然后在选项栏中设置它的容差值来确定选取的色彩范围。

提示

不能在位图模式的图像中使用魔棒工具。

上机实战 使用魔棒工具选取图像

1 从配套光盘的素材库中打开一个图像文件，在工具箱中选择 魔棒工具，其选项栏中就会显示如图 2-67 所示的选项。

| 取样大小：取样点 | 容差：32 | ✓消除锯齿 | ✓连续 | 对所有图层取样 | 调整边缘… |

图 2-67 魔棒工具选项栏

2 将魔棒工具移向画面要选取的地方（图 2-68 中的圆圈内）单击，即可选取出与所单击处相同或相似的区域。

魔棒工具选项栏说明如下：

- 【取样大小】：在取样大小后单击上下箭头，可以在其列表中选择所需的取样大小，如取样点、3×3 平均、5×5 平均、11×11 平均、31×31 平均等。
- 【容差】：在其文本框中可以输入 0~255 之间的像素值。输入较小值可以选择与所单击的像素非常相似的颜色，输入较高值可以选择更宽的色彩范围。

图 2-68 选择区域

- 【连续】：勾选该选项，只能选择色彩相近的连续区域；不勾选该选项，则可以选择图像上所有色彩相近的区域。
- 【对所有图层取样】：勾选该选项，可以在所有可见图层上选取相近的颜色；如果不勾选该选项，则只能在当前可见图层上选取颜色。

2.2.5 选区图像的基本操作

可以对选区中的图像做许多编辑，如填充、绘画、调整颜色、改变色调、用滤镜进行处理等。

上机实战 调整选区图像

1 按 "Ctrl" + "O" 键从配套光盘的素材库中打开一张图片，如图 2-69 所示。

2 在工具箱中选择 椭圆选框工具，在其选项栏 中设置【羽化】为 0 像素，然后在画面中框选出不需要编辑的内容，如图 2-70 所示。

图 2-69 打开的图片

图 2-70 框选出不需要编辑的内容

3 按"Ctrl"+"Shift"+"I"键反向选区,可以得到如图 2-71 所示的选区,下面将对这个选区进行编辑。

4 在【滤镜】菜单中执行【模糊】→【光圈模糊】命令,显示【模糊工具】面板,画面中也显示一个光圈,同时对选区内的内容进行了模糊,如图 2-72 所示,由于选区是羽化过的,所以模糊的范围是逐渐扩展开的。

图 2-71 反向选区

图 2-72 执行【光圈模糊】命令

5 在【模糊工具】面板中设置所需的参数,如图 2-73 所示,然后在选项栏中单击【确定】按钮,完成光圈模糊,画面效果如图 2-74 所示。

图 2-73 【模糊工具】面板

图 2-74 执行【光圈模糊】命令后的效果

6 对选区中的图像进行明暗调整,按"Ctrl"+"M"键弹出【曲线】对话框,在弹出的对话框中将网格中的直线向下调整为曲线,如图 2-75 所示,将选区中的图像调暗,调整好后单击【确定】按钮,即可得到如图 2-76 所示的效果。

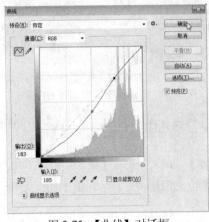

图 2-75 【曲线】对话框

图 2-76 执行【曲线】命令后的效果

7 按"Ctrl"+"D"键取消选择,得到如图 2-77 所示的效果。如果还要进行编辑,则会对整个画面进行编辑。

图 2-77 取消选择后的效果

2.2.6 裁剪工具

裁剪是移去部分图像形成突出或加强构图效果的过程。可以使用裁剪工具裁剪图像。使用透视裁剪工具可以在裁剪的同时校正图像的透视。

在工具箱中选择 ⊞ 裁剪工具,其选项栏中就会显示它的相关选项,如图 2-78 所示。在工具箱中选择 ⊞ 透视裁剪工具,选项栏中就会显示它的相关选项,如图 2-79 所示。

图 2-78 裁剪工具选项栏

图 2-79 透视裁剪工具选项栏

裁剪工具选项说明如下:

- ![比例] 选项:裁剪工具的默认模式为不受约束,不过可以根据需要选择不同的模式,如原始比例、1×1(方形)、4×5(8×10)、8.5×11、4×3、5×7、2×3(4×6)、16×9、存储预设、删除预设、大小和分辨率与旋转裁剪框。
- 选项:选择该选项后,可以通过在图像上画一条线来拉直所要裁剪的图像。
- ![按钮]按钮:单击该按钮会弹出如图 2-80 所示的菜单,可以在其中设置所需的叠加选项。
- ![按钮]按钮:单击该按钮将弹出如图 2-81 所示的调板,可以在其中选择其他裁切选项。

图 2-80 叠加选项菜单

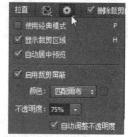

图 2-81 裁切选项调板

- ![按钮]按钮:单击该按钮可以复位裁剪框。
- 按钮:单击此按钮可取消裁剪操作。也可在键盘上按"ESC"键。
- 【前面的图像】:单击该选项将使用前面打开过的图像的大小。
- 【清除】:单击该选项会将选项栏中文本框的内容清除。

上机实战 使用裁剪工具裁剪图像

1 从配套光盘的素材库中打开一张如图 2-82 所示的图片,在工具箱中选择![图标]裁剪工具,便会自动显示一个裁剪框,可以直接拖动裁剪框上的控制柄来调整裁剪框的大小,如图 2-83 所示。

图 2-82 打开的图片

图 2-83 调整裁剪框

2 在选项栏中单击![图标]按钮(或在裁剪框内双击或按"Enter"键确认裁剪),裁剪过后得到如图 2-84 所示的图像。

3 在工具箱中选择■透视裁剪工具，在画面中不同的位置分别单击，绘制出网格裁剪框，如图2-85所示，绘制好后在裁剪框中双击确认裁剪，即可将所裁剪的图像进行透视调整，如图2-86所示。

图2-84 裁剪过后的效果

图2-85 用透视裁剪工具进行调整

图2-86 进行透视调整后的效果

2.3 思考与练习

一、选择题

1. 利用以下哪个工具可以选择颜色一致的区域，而不必跟踪其轮廓？ （ ）
   A. 套索工具 　　　　B. 椭圆选框工具 　　C. 魔棒工具 　　　D. 矩形选框工具
2. Photoshop CC 提供了几种套索工具？ （ ）
   A. 2 种 　　　　　　B. 3 种 　　　　　　C. 4 种 　　　　　　D. 5 种
3. Photoshop CC 提供了以下哪几种选框工具？ （ ）
   A. 矩形选框工具和椭圆选框工具 　　　　B. 单行选框工具
   C. 单列选框工具 　　　　　　　　　　　　D. 套索工具

二、小试牛刀——用选框工具绘制圆形标志

使用学过的内容制作如图2-87所示的圆形标志。在制作这个圆形标志时，主要应用了创建新图层、椭圆选框工具、填充、清除、取消选择、矩形选框工具、多边形套索工具等工具或命令。

图2-87 圆形标志

第 3 章　画笔工具的使用

3.1　一学就会——绘制贺年卡

在绘制贺年卡时，主要应用了新建、创建新图层、画笔工具、【画笔】面板、改变图层顺序、打开、移动工具、复制图层、图层样式（斜面和浮雕、渐变叠加、描边）、椭圆选框工具、填充、收缩、平滑、横排文字工具、直排文字工具、全选等工具或命令。效果如图 3-1 所示。

1　设置背景色为 R236、G13、B13，按"Ctrl"＋"N"键新建一个大小为 800×600 像素，【分辨率】为 150 像素/英寸，【颜色模式】为 RGB 颜色，【背景内容】为背景色的文件。

2　显示【图层】面板，在其中单击■（创建新图层）按钮，新建图层 1，如图 3-2 所示。

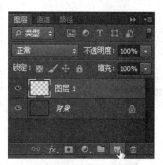

图 3-1　实例效果图　　　　　　　　　　　　　　　图 3-2　【图层】面板

3　在工具箱中先设置前景色为 R218、G236、B13，选择█画笔工具，并在选项栏中单击█按钮，显示【画笔】面板，在其中选择所需的画笔笔尖，设置其【间距】为 98%，如图 3-3 所示，然后单击【形状动态】选项，再设置【大小抖动】为 57%，其他不变，如图 3-4 所示。

图 3-3　【画笔】面板　　　　　　　　　　　　　　图 3-4　【画笔】面板

4 在画笔工具的选项栏中设置【不透明度】为 50%，其他为默认值，然后在画面中绘制出一只羊的形状，如图 3-5 所示。

5 在【图层】面板中新建图层 2，如图 3-6 所示，设置前景色为 R255、G214、B214，在【画笔】面板中选择所需的画笔笔尖，设置其【间距】为 71%，【直径】为 60 像素，其他不变，如图 3-7 所示，然后在画面中写出"恭贺新春"文字，如图 3-8 所示。

图 3-5　用画笔工具绘制羊的形状

图 3-6　【图层】面板　　　　　图 3-7　【画笔】面板　　　　　图 3-8　用画笔工具写字

6 设置前景色为 R218、G236、B13，在【图层】面板中新建图层 3，如图 3-9 所示，接着在画笔工具的选项栏中选择所需的画笔笔尖，设置【不透明度】为 100%，其他不变，如图 3-10 所示，然后在画面的羊中进行绘制，绘制好后的效果如图 3-11 所示。

图 3-9　【图层】面板　　　　　图 3-10　选择画笔笔尖　　　　　图 3-11　绘制好后的效果

7 在【图层】面板中将图层 3 拖动到图层 1 的下层，如图 3-12 所示，画面效果如图 3-13 所示。

8 按"Ctrl"+"O"键从配套光盘的素材库打开一个图像文件，如图 3-14 所示，使用移动工具将其拖动到画面中，在【图层】面板中将灯笼所在图层拖动到最上层，如图 3-15 所示，然后在画面中将其排放到适当位置，如图 3-16 所示。

9 按"Ctrl"+"O"键从配套光盘的素材库打开一个有变形艺术文字的图像文件，如图 3-17 所示，使用移动工具将其拖动到画面中，并将其排放到适当位置，如图 3-18 所示。

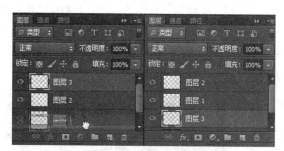

图 3-12　改变图层顺序

图 3-13　改变图层顺序后的效果

图 3-14　打开的图像文件

图 3-15　【图层】面板

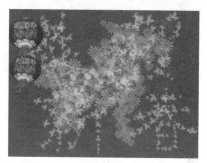

图 3-16　排放图像后的效果

　　10 设置前景色为黑色，在工具箱中选择█椭圆工具，并在选项栏中选择像素，然后在画面中单击，弹出如图 3-19 所示的对话框，在其中设置【宽度】与【高度】均为 55 像素，勾选【从中心】选项，单击【确定】按钮，即可得到如图 3-20 所示的圆形。

图 3-17　打开的图像文件

图 3-18　排放图像后的效果

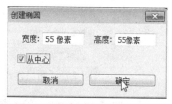

图 3-19　【创建椭圆】对话框

　　11 在圆形的下方依次单击 3 次，绘制出 3 个圆形，绘制好后的效果如图 3-21 所示，为了画得整齐，可以拖出一条线作为参考。

图 3-20　绘制圆形

图 3-21　绘制圆形

12 在菜单中执行【图层】→【图层样式】→【斜面和浮雕】命令，弹出【图层样式】对话框，在其中设置【样式】为外斜面，【深度】为 562%，【大小】为 6 像素，其他不变，如图 3-22 所示，此时的画面效果如图 3-23 所示。

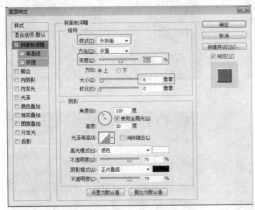

图 3-22 【图层样式】对话框

图 3-23 添加斜面和浮雕后的效果

13 在【图层样式】对话框的左边栏中选择【渐变叠加】选项，再在右边栏中选择橙色、黄色、橙色渐变，其他不变，如图 3-24 所示，设置好后单击【确定】按钮，得到如图 3-25 所示的效果。

图 3-24 【图层样式】对话框

图 3-25 添加渐变叠加后的效果

14 按 "Ctrl" 键，在【图层】面板中单击图层 5，将图层 5 的内容载入选区，如图 3-26 所示。在工具箱中选择■矩形选框工具，并在选项栏中选择■按钮，然后在画面中将不需要的选区减去，从而得到如图 3-27 所示的选区。

图 3-26 将图层 5 的内容载入选区

图 3-27 将不需要的选区减去后的效果

15 在菜单中执行【选择】→【修改】→【收缩】命令，弹出【收缩选区】对话框，在其中设置【收缩量】为 4 像素，如图 3-28 所示，单击【确定】按钮，将选区进行收缩，然后在菜单中执行【选择】→【修改】→【平滑】命令，弹出【平滑选区】对话框，在其中设置【取样半径】为 1 像素，如图 3-29 所示，单击【确定】按钮，得到如图 3-30 所示的选区。

图 3-28　【收缩选区】对话框

图 3-29　【平滑选区】对话框

图 3-30　调整后的选区

16 在【图层】面板中新建图层 6，如图 3-31 所示。设置前景色为 R244、G11、B11，再按 "Alt" + "Delete" 键填充前景色，得到如图 3-32 所示的效果。

图 3-31　【图层】面板

图 3-32　填充颜色后的效果

17 按 "Ctrl" + "D" 键取消选择，在工具箱中设置前景色为 R244、G219、B12，选择 横排文字工具，在选项栏中设置参数为 ，然后在画面中红色圆内单击并输入 "合" 字，输入好后单击✓按钮，确认文字输入，结果如图 3-33 所示。

18 使用横排文字工具在其他三个红色圆内依次输入所需的文字，输入好文字后的效果如图 3-34 所示。

图 3-33　输入文字

图 3-34　输入文字后的效果

19 在工具箱中选择 T 直排文字工具，在画面中圆形按钮的左边适当位置单击并输入"欢欢喜喜辞旧岁　高高兴兴过大年"文字，再按"Ctrl"＋"A"键全选，然后在选项栏中设置其【字体大小】为 8 点，结果如图 3-35 所示。

20 在菜单中执行【图层】→【图层样式】→【描边】命令，弹出【图层样式】对话框，在其中设置【颜色】为 R125、G5、B5，其他不变，如图 3-36 所示，设置好后单击【确定】按钮，得到如图 3-37 所示的效果。

图 3-35　输入文字后的效果

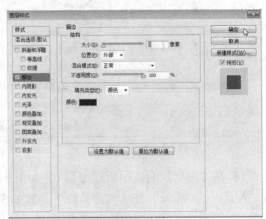

图 3-36　【图层样式】对话框

21 用前面同样的方法在画面中输入一些相关文字以装饰画面，输入好文字后的效果如图 3-38 所示。贺年卡就绘制好了。

图 3-37　添加描边后的效果

图 3-38　最终效果图

3.2　知识延伸

3.2.1　画笔工具与铅笔工具

画笔工具是绘画和编辑的重要工具，选择的画笔决定着描边效果的许多特性。在 Photoshop 中提供了各种预设画笔，以满足广泛的用途，也可以使用【画笔】面板创建自定画笔。

使用画笔工具绘出彩色的柔边后，选择喷枪工具即可模拟传统的喷枪手法，将渐变色调

（如彩色喷雾）应用于图像。用它绘出的描边比用画笔工具绘出的描边更发散。喷枪工具的压力设置可控制应用的油墨喷洒的速度，按下鼠标左键不动可加深颜色。

铅笔工具工作原理和我们生活中的铅笔绘画一样，绘出来的曲线是硬的、有棱角的。

画笔工具与铅笔工具的属性栏如图 3-39、图 3-40 所示。通过属性栏的比较，可以看出它们有很多相同的选项，在此一并进行介绍。

图 3-39 画笔工具的选项栏

图 3-40 铅笔工具的选项栏

- 【画笔】：可以在其弹出式调板中选择所需的画笔笔尖与设置笔触大小、硬度等参数。
- 【模式】：在该下拉列表中可以选择以哪种混合模式对图像中的像素产生影响。
- 【不透明度】：指定画笔、铅笔、仿制图章、图案图章、历史记录画笔、历史记录艺术画笔、渐变和油漆桶工具应用的最大油彩覆盖量。
- 【流量】：指定画笔工具应用油彩的速度，数值越小，绘制的颜色越浅。
- 【喷枪工具】：选择它就可以应用喷枪的属性。
- 【自动抹除】：它为铅笔工具的特别选项。如果勾选【自动抹除】选项，在前景色上开始拖移，则用背景色绘画，在背景色上开始拖移，则用前景色绘画。如果不勾选【自动抹除】选项，则只能用前景色绘画。

3.2.2 画笔面板

在画笔工具、铅笔工具、仿制图章工具、图案图章工具、历史记录画笔工具、历史记录艺术画笔、模糊工具、锐化工具、涂抹工具、减淡工具、加深工具和海绵工具的选项栏中选择 ![icon] 按钮，就会弹出如图 3-41 所示的【画笔】面板。在【画笔】面板中可以对画笔笔尖（有时也称为画笔笔触）进行全面的控制，创作出各种绘画效果。

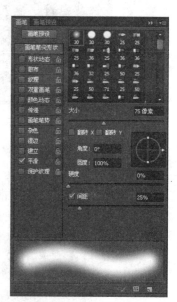

图 3-41 【画笔】面板

- 【画笔预设】：在【画笔】面板的左边选择【画笔预设】按钮，就可在面板中显示各种预设的画笔，如图 3-42所示。每种预设对应一系列的画笔参数。单击右下角的 ![icon] 按钮，可以创建新的画笔预设；单击 ![icon] 按钮，可以将不要的画笔预设删除。单击 ![icon] 按钮，可以显示如图 3-43 所示的【预设管理器】对话框。
- 【画笔笔尖形状】：画笔描边由许多单独的画笔笔迹组成。所选的画笔笔尖决定了画笔笔迹的形状、直径和其他特性。可以通过编辑其选项来自定画笔笔尖，并通过采集图像中的像素样本来创建新的画笔笔尖形状。在【画笔预设】面板中单击 ![icon] 按钮，显示【画笔】面板，再在左边单击【画笔笔尖形状】项目，面板右边就会显示它的相关内容，如图 3-44 所示。在此可以设置画笔笔尖的大小、形状、硬毛刷、长度、粗细、硬度、间距和角度等属性。

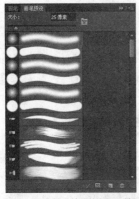

图 3-42 【画笔预设】面板

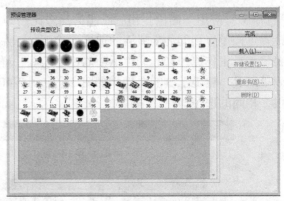

图 3-43 【预设管理器】对话框

- 【形状动态】：形状动态决定描边中画笔笔迹的变化。在【画笔】面板的左边单击【形状动态】项目，它的右边就会显示相关的选项，在其中可以进行属性设置，如图 3-45 所示。

图 3-44 【画笔】面板

图 3-45 【形状动态】选项

- 【散布】：指定画笔笔迹在描边中的分布方式。当勾选【两轴】时，画笔笔迹按径向分布。当取消【两轴】选择时，画笔笔迹垂直于描边路径分布，在【散布】文本框中输入数字或拖动滑块可指定散布的最大百分比。如图 3-46 所示为设置散布的【控制】为关，选择或不选择【两轴】并设置参数时的效果对比图。

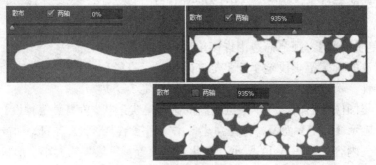

图 3-46 效果对比图

- 【纹理】：在【画笔】面板的左边单击【纹理】项目，其右边就会显示它的相关选项，如图 3-47 所示。纹理画笔利用图案使描边就像是在带纹理的画布上绘制的一样。
- 【双重画笔】：在【画笔】面板的左边单击【双重画笔】项目，则会在右边显示它的相关选项，如图 3-48 所示。双重画笔使用两个笔尖创建画笔笔迹从而创造出两种画笔的混合效果。在【画笔】面板的【画笔笔尖形状】部分可以设置主要笔尖的选项。在【画笔】面板的【双重画笔】部分可以设置次要笔尖的选项。

图 3-47 【纹理】选项

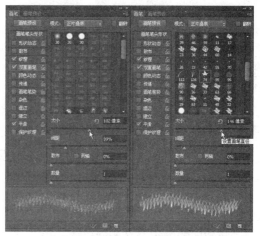

图 3-48 【双重画笔】选项

- 【颜色动态】：颜色动态决定描边路线中油彩颜色的变化方式。在【画笔】面板的左边取消【形状动态】、【纹理】与【双重画笔】的勾选，再单击【颜色动态】，就会在右边显示它的相关选项，如图 3-49 所示。
- 【传递】：先在【画笔】面板中单击【画笔笔尖形状】选项，在其中选择 画笔笔尖，再设置【间距】为 110%，然后在【画笔】面板的左边单击【传递】选项，则右边就会显示相关选项，如图 3-50 所示。
- 【画笔笔势】：选择【画笔笔势】选项可以按指定的倾斜、旋转和压力进行绘画。在【画笔】面板中选择【画笔笔势】选项，便会显示它的相关属性，如图 3-51 所示。

图 3-49 【颜色动态】选项

图 3-50 【传递】选项

图 3-51 【画笔笔势】选项

- 【杂色】：可向个别的画笔笔尖添加额外的随机性。当应用于柔画笔笔尖（包含灰度值的画笔笔尖）时，此选项最有效。
- 【湿边】：可沿画笔描边的边缘增大油彩量，从而创建水彩效果。
- 【喷枪】：可用于对图像应用渐变色调，以模拟传统的喷枪手法。
- 【平滑】：可在画笔描边中产生较平滑的曲线。
- 【保护纹理】：可对所有具有纹理的画笔预设应用相同的图案和比例。

3.2.3 自定义画笔

在 Photoshop 中可定义整个图像或部分选区图像为画笔。如果要使画笔形状更明显，则应让它显示在纯白色的背景上；如果要想定义带柔边的画笔，则应选择包含灰度值的像素组成的画笔形状（彩色画笔的形状显示为灰度值）。

 上机实战 利用自定义画笔命令定义画笔

1 按 "Ctrl" + "O" 键从配套光盘的素材库中打开一个图像文件，如图 3-52 所示。

2 在工具箱中选择 魔棒工具，采用默认值，在画面中的羽毛上多次单击，以选取羽毛，如图 3-53 所示，再在菜单中执行【编辑】→【定义画笔预设】命令，弹出如图 3-54 所示的对话框，可以在【名称】文本框中输入所需的画笔名称，也可采用默认值，单击【确定】按钮，即可将选区的内容定义为画笔。

  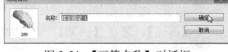

图 3-52 打开的图像文件　　图 3-53 用魔棒工具创建选区　　　　图 3-54 【画笔名称】对话框

3 按 "Ctrl" + "N" 键新建一个空白的图像文件，大小视需而定，在工具箱中设置前景色为#a7f887，选择 画笔工具，在【画笔】弹出式面板中找到刚定义的画笔，如图 3-55 所示，然后选择它，使它成为当前画笔笔尖，在空白的图像中依次单击 4 次，得到如图 3-56 所示的效果。

图 3-55 【画笔】弹出式面板　　　　　　　　图 3-56 用自定画笔绘制的效果

3.2.4 历史记录画笔工具、历史记录艺术画笔工具

历史记录画笔工具可以将图像的一个状态或快照的副本绘制到当前图像窗口中。该工具

创建图像的副本或样本，然后用它来绘画。在 Photoshop 中，也可以用历史记录艺术画笔绘画，以创建特殊效果。

历史记录艺术画笔工具可以使用指定历史记录状态或快照中的源数据，以风格化描边进行绘画。通过尝试使用不同的绘画样式、大小和容差选项，可以用不同的色彩和艺术风格模拟绘画的纹理。

与历史记录画笔一样，历史记录艺术画笔也是用指定的历史记录状态或快照作为源数据。但是，历史记录画笔通过重新创建指定的源数据来绘画，而历史记录艺术画笔在使用这些数据的同时，还使用用户为创建不同的色彩和艺术风格设置的选项。

上机实战　用历史记录艺术画笔工具绘制水粉画

1　按"Ctrl"+"O"键从光盘的素材库中打开一张图片，如图 3-57 所示。

2　从工具箱中选择⚡历史记录艺术画笔工具，并在选项栏中进行设置，如图 3-58 所示。设置好后在花与花瓶上进行涂抹，涂抹一次（也就是按下鼠标左键拖动鼠标）后的效果如图 3-59 所示。

3　在画面上单击鼠标右键弹出【画笔】弹出式面板，在其中设置【大小】为 7 像素，如图 3-60 所示，然后在背景处进行涂抹，涂抹后的效果如图 3-61 所示。

图 3-57　打开的图片

图 3-59　在花与花瓶上进行涂抹后的效果

图 3-60　【画笔】弹出式面板

图 3-61　涂抹后的效果

3.2.5　混合器画笔工具

Photoshop CC 中新增的混合器画笔工具，可以混合画布上的颜色并模拟硬毛刷以产生媲美传统绘画介质的结果。

上机实战　利用混合器画笔工具绘画

1　从配套光盘的素材库中打开一个要用来制作绘画效果的图像，如图 3-62 所示。

图 3-62 打开的图像

2 在工具箱中选择 混合器画笔工具，在选项栏中用鼠标右键单击工具图标，在弹出的快捷菜单中选择【复位工具】命令，先将工具复位，再在画笔预设选取器中选择，选择有用的混合画笔组合为 潮湿，浅混合 ，其他不变，如图 3-63 所示，然后在画面中拖动一下，即可将拖动过的像素以画笔形状进行绘制，如图 3-64 所示。

图 3-63 【画笔】面板

图 3-64 以画笔形状进行绘制

混合器画笔工具选项栏说明如下：

- ■ （当前画笔载入）按钮：单击色块，将会弹出【选择绘画颜色】对话框，可以在其中选择所需的绘画颜色，也可以直接在工具箱中设置所需的前景色来作为绘画颜色。单击其后的 ■ 按钮，会弹出【选择绘画颜色】对话框，如图 3-65 所示，可以根据需要选择相关命令。

图 3-65 【选择绘画颜色】对话框

- ■ （每次描边后载入画笔）按钮：选择该按钮可以使用当前颜色或画笔进行绘画，如果不选择则使用画面中有的颜色进行绘画。

- 潮湿，深混合 （有用的混合画笔组合）选项：在该列表中可以选择所需的混合画笔组合，如干燥；干燥，浅描；干燥，深描；湿润；湿润，浅混合；湿润，深混合；潮湿；潮湿，浅混合；潮湿，深混合；非常潮湿；非常潮湿，浅混合；非常潮湿，深混合。

- （设置从画布拾取的油彩量）选项：可以根据需要在文本框中设置潮湿度。
- （设置画笔上的油彩量）选项：可以根据需要在文本框中设置油彩量。
- （设置描边的颜色混合比）选项：可以根据需要在文本框中设置颜色混合比。

3.2.6　颜色替换工具

颜色替换工具能够简化图像中特定颜色的替换。可以使用校正颜色在目标颜色上绘画。颜色替换工具不适用于"位图"、"索引"或"多通道"颜色模式的图像。

上机实战　使黑白图像转换成彩色图像

1　按"Ctrl"+"O"键从配套光盘的素材库中打开一个图像文件，如图 3-66 所示。

2　在工具箱中设置前景色为#f4cda6，在工具箱中选择 颜色替换工具，其选项栏中就会显示它的相关选项，在画笔选取器中设置【大小】为 13 像素，【硬度】为 0%，其他不变，如图 3-67 所示。

图 3-66　打开的图像文件

图 3-67　颜色替换工具选项栏

颜色替换工具选项栏中的选项说明如下：

- 【模式】：在其下拉列表中可选择更改图像的模式，如"色相"、"饱和度"、"颜色"和"明度"，如图 3-68 所示。

3　使用颜色替换工具对画面中的花朵进行涂抹，将其颜色改为黄色，涂抹后的效果如图 3-69 所示。

图 3-68　更改图像的模式

图 3-69　颜色替换后的效果

3.2.7　移动工具

移动工具可以将选区或图层移动到同一图像的新位置或其他图像中，还可以使用 移动工具在图像内对齐选区和图层并分布图层。

在工具箱中选择 **▶** 移动工具，选项栏中就会显示它的相关选项，如图 3-70 所示。

图 3-70　移动工具选项栏

移动工具选项栏中各选项说明如下：

- 【自动选择】：如果勾选它，可以用鼠标在图像上单击，即可直接选中指针所指的非透明图像所在的图层/组（在下拉列表中可以选择"图层"/"组"）。
- 【显示变换控件】：可在选中对象的周围显示定界框，对准 4 个对角的小方块控制点单击，此时的定界框变为变换框。
- 在【图层】面板中选择要对齐的图层，单击 **▣**（顶对齐）按钮、**▣**（垂直居中对齐）按钮、**▣**（底对齐）按钮、**▣**（左对齐）按钮、**▣**（水平居中对齐）按钮和 **▣**（右对齐）按钮，可在图像内对齐选区或图层。单击 **▣**（按顶分布）按钮、**▣**（垂直居中分布）按钮、**▣**（按底分布）按钮、**▣**（按左分布）按钮、**▣**（水平居中分布）按钮和 **▣**（按右分布）按钮，可在图像内分布图层。
- **▣**（自动对齐图层）按钮：如果在【图层】面板中选择了两个或两个以上的图层，则该按钮为活动可用状态，单击该按钮，将弹出如图 3-71 所示的对话框。

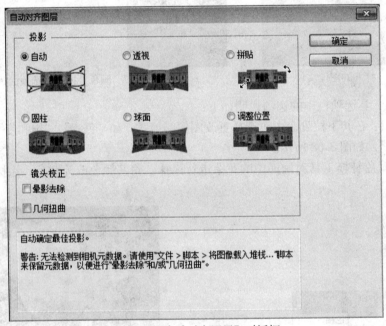

图 3-71　【自动对齐图层】对话框

> 【自动】：Photoshop 将分析源图像并应用【透视】或【圆柱】版面（取决于哪一种版面能够生成更好的复合图像）。
> 【透视】：通过将源图像中的一个图像（默认情况下为中间的图像）指定为参考图像创建一致的复合图像，然后将变换其他图像（必要时，进行位置调整、伸展或斜切），以便匹配图层的重叠内容。

- ➢ 【圆柱】：通过在展开的圆柱上显示各个图像减少在【透视】版面中会出现的"领结"扭曲。图层的重叠内容仍匹配。将参考图像居中放置。其最适合于创建宽全景图。
- ➢ 【调整位置】：对齐图层并匹配重叠内容，但不会变换（伸展或斜切）任何源图层。

3.2.8　改变图层顺序

当图像含有多个图层时，Photoshop 按一定的先后顺序排列图层，即最后创建的图层将位于所有图层的上面。不过，可以通过【排列】命令来改变图层的堆放次序，指定具体的一个图层到底应堆放到哪个位置，还可以通过手动直接在图层面板中拖动来改变图层的顺序。

在菜单中执行【图层】→【排列】命令，将弹出如图 3-72 所示的子菜单，可以在其中选择所需的命令来排列图层顺序。

图 3-72　【排列】的子菜单

- ● 【置为顶层】：使用该命令可以将选择的图层移动到所有图层的最上面，也可以按"Shift"+"Ctrl"+"]"键来执行该命令。
- ● 【前移一层】：使用该命令可以将选择的图层移动到所选图层的上一层（即前一层），也可以按"Ctrl"+"]"键来执行该命令。
- ● 【后移一层】：使用该命令可以将选择的图层移动到所选图层的下一层（即后一层），也可以按"Ctrl"+"["键来执行该命令。
- ● 【置为底层】：使用该命令可以将选择的图层移动到所有图层的最下面（如果有背景层，则放在背景层的上层），也可以按"Shift"+"Ctrl"+"["键来执行该命令。
- ● 【反向】：如果在【图层】面板中选择了多个图层，则该命令呈可用状态，使用该命令可以改变选择图层的排列顺序。

一般在多图层的图像中操作时，都习惯手动操作，也就是直接在【图层】面板中拖动图层到指定位置。

3.3　思考与练习

一、简答题

1. 历史记录艺术画笔的属性有哪些？
2. 画笔工具的属性有哪些？

二、选择题

1. 使用以下哪个工具可以将图像的一个状态或快照的副本绘制到当前图像窗口中？

（　　）

    A. 画笔工具　　　　　　　　　　B. 历史记录画笔工具

    C. 铅笔工具　　　　　　　　　　D. 历史记录艺术画笔

2. 哪个工具可以绘出彩色的柔边，勾选【喷枪工具】选项即可模拟传统的喷枪手法，将渐变色调（如彩色喷雾）应用于图像？

（　　）

    A. 铅笔工具　　　B. 渐变工具　　　C. 画笔工具　　　D. 油漆桶工具

三、小试牛刀——绘制国画《花鸟画》

图 3-73 国画《花鸟画》

提示

可以使用画笔工具、椭圆选框工具、渐变工具、填充、描边等命令绘制这幅花鸟画。

第 4 章　图像的修饰

4.1　一学就会——修饰图像

先使用【打开】命令打开一张要处理的图像，再用【曲线】命令将其调亮，然后用修补工具、修复画笔工具、污点修复画笔工具、红眼工具等工具修复图像中的斑点。如图 4-1 所示为处理前的效果，如图 4-2 所示为处理后的效果。

图 4-1　处理前的效果

图 4-2　处理后的效果

🖱 操作步骤

1 　按"Ctrl"+"O"键从配套光盘的素材库中打开一个要处理的图像文件，如图 4-3 所示。

2 　按"Ctrl"+"M"键执行【曲线】命令，弹出【曲线】对话框，在其中将网格中的直线调整为如图 4-4 所示的曲线，将图像调亮，得到所需的画面效果后单击【确定】按钮，效果如图 4-5 所示。

图 4-3　打开的图像文件

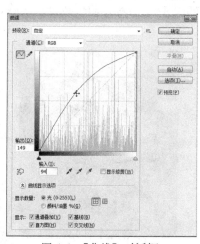
图 4-4　【曲线】对话框

图 4-5　调整后的效果

3 在工具箱中选择▬修补工具，在画面中框选出要修复的区域，如图 4-6 所示，然后将其向上拖至适当位置，如图 4-7 所示，将选区中的斑点修复，如图 4-8 所示，再按"Ctrl"+"D"键取消选择。

图 4-6　框选要修复的区域　　　　图 4-7　拖动时的状态　　　　图 4-8　修复后的效果

4 在工具箱中选择▬修复画笔工具，按"Alt"键在画面中单击吸取所需的样本，如图 4-9 所示，再在画面中要修复的斑点上单击，如图 4-10 所示，即可用吸取的样本修复斑点并与周围颜色进行融合，效果如图 4-11 所示。

图 4-9　吸取的样本　　　　　图 4-10　单击时的状态　　　　图 4-11　修复后的效果

5 在工具箱中选择▬污点修复画笔工具，在选项栏中设置所需的参数，如图 4-12 所示，然后直接在斑点上单击，如图 4-13 所示，即可将斑点清除，同时与周围颜色融合，效果如图 4-14 所示。

图 4-12　污点修复画笔工具选项栏　　图 4-13　单击时的状态　　　　图 4-14　修复后的效果

6　在工具箱中选择![红眼工具图标]红眼工具，直接在眼睛上单击，即可将红眼变成黑眼，转换后的效果如图 4-15 所示。图像就修复好了。

图 4-15　修复后的效果

4.2　知识延伸

4.2.1　图章工具

图章工具包括仿制图章工具与图案图章工具。

使用仿制图章工具可以从图像中取样，然后将样本应用到其他图像或同一图像的其他部分，也可以将一个图层的一部分仿制到另一个图层。仿制图章工具对要复制对象或移去图像中的缺陷十分有用。图案图章工具可以用图案绘画，可以从图案库中选择图案或者创建自己的图案。

在使用仿制图章工具时，需要在该区域上设置要应用到另一个区域上的取样点。

可以对仿制区域的大小进行多种控制，还可以使用选项栏中的【不透明度】和【流量】设置来微调应用仿制区域的方式。值得注意的是当用户从一个图像取样并在另一个图像中应用仿制时，需要这两个图像的颜色模式相同。如图 4-16 所示为仿制图章工具的选项栏，其中各选项说明如下：

| ⚘ ▾ | 21 | 🗔 🗔 | 模式: | 正常 | ▾ | 不透明度: 100% | ▾ | ⚘ | 流量: 100% | ▾ | ⚙ | ☑ 对齐 | 样本: | 当前图层 | ▾ | ⚘ |

图 4-16　仿制图章工具选项栏

- 【对齐】：在选项栏中选择【对齐】选项时，无论用户对绘画停止和继续过多少次，都可以对像素连续取样。如果不勾选【对齐】选项时，则会在每次停止并重新开始绘画时使用初始取样点中的样本像素。

- 【样本】：在【样本】下拉列表中可以选择要取样的图层，如"当前图层"、"当前和下方图层"与"所有图层"。

- 【打开以在仿制时忽略调整图层】：如果图像中使用了调整图层，并且在【样本】下拉列表中选择了"当前和下方图层"或"所有图层"时，它才可用。选择该按钮时可以在仿制时忽略调整图层，而直接仿制其内容。

4.2.2 修复画笔工具和污点修复画笔工具

修复画笔工具可用于修复图像中的瑕疵，使它们消失在周围的图像中。它也可以利用图像或图案中的样本像素来绘画，并且在修复的同时将样本像素的纹理、光照和阴影与源像素进行匹配，从而使修复后的像素不留痕迹地融入图像的其余部分。

污点修复画笔工具可以快速移去照片中的污点和其他不理想部分。污点修复画笔的工作方式与修复画笔类似，它使用图像或图案中的样本像素进行绘画，并将样本像素的纹理、光照、透明度和阴影与所修复的像素相匹配。与修复画笔不同的是，污点修复画笔不需要用户指定样本点，它将自动从所修饰区域的周围取样。

在工具箱中选择 污点修复画笔工具或 修复画笔工具，选项栏中就会显示它的相关选项，如图 4-17、图 4-18 所示，其选项栏中各选项说明如下：

图 4-17 污点修复画笔工具选项栏

图 4-18 修复画笔工具选项栏

- 【画笔】：单击【画笔】后的下拉按钮，将弹出【画笔】弹出式面板，在其中可设置【直径】、【硬度】、【间距】、【角度】和【圆度】选项等，选项说明可以查看前面【画笔】面板中的画笔笔尖形状。
- 【近似匹配】：使用选区边缘周围的像素来查找要用作选定区域修补的图像区域。
- 【创建纹理】：使用选区中的所有像素创建一个用于修复该区域的纹理。
- 【对所有图层取样】：如果选择该选项，可以从所有可见图层中对数据进行取样。如果取消该选项的选择，则只能从现有图层中取样。
- 【模式】：在【模式】下拉列表中可以选择所需的修复模式，如"正常"、"正片叠底"、"变亮"和"替换"。选择"替换"模式可以保留画笔描边的边缘处的杂色、胶片颗粒和纹理，也就是说将原图像中的部分替换掉。
- 【源】：用于修复像素的源有两种方式，即【取样】和【图案】。【取样】可以使用当前图像的像素，而【图案】可以使用某个图案的像素。如果选择了【图案】选项，则可以从【图案】弹出式调板中选择所需的图案。
- 【对齐】：如果勾选【对齐】选项，可以松开鼠标左键，当前取样点不会丢失。这样，无论多少次停止和继续绘画，都可以连续应用样本像素。如果不勾选【对齐】选项，每次停止和继续绘画时，都将从初始取样点开始应用样本像素。

4.2.3 修补工具和红眼工具

修补工具可以将选区的像素用其他区域的像素或图案来修补。实际上修补工具和修复画笔工具的功能差不多，只是修补工具的效率高一些。

红眼工具可以移去用闪光灯拍摄的人物照片中的红眼，也可以移去用闪光灯拍摄的动物照片中的白色或绿色反光。

在工具箱中选择 修补工具，选项栏中就会显示它的相关选项，如图 4-19 所示。

图 4-19　修补工具选项栏

修补工具选项栏说明如下：

- 【修补】：在【修补】选项中可以选择【源】和【目标】选项。
  - ➤ 【源】：可以将选中的区域拖动到用来修复的目的地，即可将选中的区域修复好，而且与周围环境非常融合。
  - ➤ 【目标】：先用修补工具框选出用于修复的区域，然后将其拖动到要修复的区域。
- 【透明】：选择该选项可以使修复的区域应用透明度。
- 【使用图案】：当用修补工具（或选框工具/魔棒工具）在图像中选取出选区后，它成为活动可用状态，也就是可以使用图案来填充所选区域，只需单击 使用图案 按钮，即可将所选的区域填充为所选的图案。

在工具箱中选择 红眼工具，选项栏中就会显示它的相关选项，如图 4-20 所示。

图 4-20　红眼工具选项栏

红眼工具选项栏中各选项说明如下：

- 【瞳孔大小】：可以拖动滑块或在文本框中输入 1%～100% 之间的数值设置瞳孔（眼睛暗色的中心）的大小。
- 【变暗量】：可以拖动滑块或在文本框中输入 1%～100% 之间的数值设置瞳孔的暗度。

4.2.4　内容感知移动工具

使用内容感知移动工具可以将选区的内容移动到指定的位置，同时选区中的内容用其周围像素自动修复并模糊，与周围像素也比较融合。

上机实战　使用内容感知移动工具处理图像

1　从配套光盘的素材库中打开一个要处理的图像，在工具箱中选择 内容感知移动工具，再在画面中勾选出要移动的内容，如图 4-21 所示。

2　移动指针到选区内按下左键向所需的地方拖动，松开左键后即可将选区内容移至松开左键的位置，同时原选区中的内容被修复与模糊，如图 4-22 所示，按"Ctrl"+"D"键取消选择即可。

图 4-21　打开图像后用内容感知移动工具选择对象

图 4-22　移动后的效果

4.2.5　聚焦工具

聚焦工具包括 模糊工具和 锐化工具。

模糊工具可柔化图像中的硬边缘或区域，以减少细节。使用模糊工具在某个区域上方绘制的次数越多，该区域就越模糊。

锐化工具可聚焦软边缘，以提高清晰度或聚焦程度。用锐化工具在某个区域上方绘制的次数越多，增强的锐化效果就越明显。

模糊工具和锐化工具的选项栏完全相同，如图 4-23 所示。其中的【强度】选项可指定涂抹、模糊、锐化和海绵工具应用的描边强度。

图 4-23　模糊工具和锐化工具的选项栏

上机实战　使用锐化工具处理图像

1　按"Ctrl"+"O"键从配套光盘的素材库中打开一张要处理的图像，如图 4-24 所示。

2　在工具箱中选择 锐化工具，在选项栏中设置【模式】为变暗，其他为默认值，然后在画面中进行涂抹，以将其锐化，锐化后的效果如图 4-25 所示。

图 4-24　打开的图像　　　　　　　　图 4-25　锐化后的效果

4.2.6　色调工具

色调工具包括 减淡工具和 加深工具。减淡工具和加深工具的选项栏完全一样，如图 4-26 所示。减淡工具或加深工具采用了用于调节照片特定区域曝光度的传统摄影技术，可以使图像区域变亮或变暗。减淡工具可使图像变亮，加深工具可使图像变暗。

图 4-26　减淡工具和加深工具的选项栏

减淡工具和加深工具选项栏中的选项说明如下：

● 【范围】：在其下拉列表中选择图像中要更改的色调。

　➤ 【中间调】：可以更改灰色的中间范围。

　➤ 【阴影】：可以更改暗区。

　➤ 【高光】：可以更改亮区。

● 【曝光度】：可以拖动滑块或输入数值指定减淡工具和加深工具使用的曝光量。

上机实战　使用减淡工具处理图像

1　按"Ctrl"+"O"键从配套光盘的素材库中打开一张要处理的图像，如图 4-27 所示。

2 在工具箱中选择🔍减淡工具，采用默认值，然后在画面中进行涂抹，以将其变亮，变亮后的效果如图 4-28 所示。

图 4-27 打开的图像   图 4-28 变亮后的效果

4.2.7 海绵工具

使用海绵工具可以精确地更改区域的色彩饱和度。在灰度模式下，该工具通过使灰阶远离或靠近中间灰色来增加或降低对比度。

在工具箱中选择🔵海绵工具，选项栏中就会显示它的相关选项，如图 4-29 所示。

图 4-29 海绵工具选项栏

海绵工具选项栏中的选项说明如下：
- 【模式】：在【模式】下拉列表中可以选择所需更改颜色的方式，如图 4-30 所示。
  - ➢ 【饱和】：可以增强颜色的饱和度。
  - ➢ 【降低饱和度】：可以减弱颜色的饱和度。

图 4-30 更改【模式】后的对比效果

4.3 思考与练习

一、选择题

1. 使用以下哪种工具可以从图像中取样，然后将样本应用到其他图像或同一图像的其他部分？   （   ）
  A. 仿制图章工具   B. 修复画笔工具
  C. 图案图章工具   D. 修补工具

2. 以下哪个工具可将选区的像素用其他区域的像素或图案来修补？ （   ）
  A. 修复画笔工具   B. 修补工具
  C. 涂抹工具   D. 加深工具

3. 以下哪种工具可移去用闪光灯拍摄的人物照片中的红眼，也可以移去用闪光灯拍摄的动物照片中的白色或绿色反光？ （　　）

A. 红眼工具　　　　　　　　　B. 修复画笔工具

C. 颜色替换工具　　　　　　　D. 修补工具

二、小试牛刀——去痘美白

图 4-31　处理前的效果　　　　　　　　　图 4-32　去痘美白的最终效果图

制作流程图

1. 打开图像并用修复画笔工具修复制斑点　2. 复制一个副本后用高斯模糊滤镜对其进行模糊处理

3. 添加图层蒙版后用黑色的画笔将不需要的内容隐藏　4. 用曲线调整图层调亮画面

图 4-33　制作流程分析图

第5章 填充及渐变工具的使用

5.1 一学就会——图案玻璃按钮

先使用椭圆选框工具、自由变换、渐变工具等工具与命令制作按钮的形状，再使用打开、贴入、创建新图层等命令贴入一张图片，然后使用椭圆选框工具与渐变工具制作玻璃效果。实例效果如图 5-1 所示。

图 5-1 实例效果图

操作步骤

1 在工具箱中设置背景色为黑色，按"Ctrl"+"N"键，弹出【新建】对话框，在其中设置所需的参数，如图 5-2 所示，设置好后单击【确定】按钮，即可新建一个背景为黑色的空白文件。

2 显示【图层】面板，在其中单击 ■（创建新图层）按钮，新建图层 1，如图 5-3 所示，再在工具箱中选择 ■ 椭圆选框工具，在图像窗口中绘制一个椭圆选框，如图 5-4 所示。

图 5-2 【新建】对话框

图 5-3 【图层】面板

图 5-4 绘制椭圆选框

3 设置前景色为 R250、G250、B250，背景色为 R65、G65、B65，再在工具箱中选择 ■ 渐变工具，在选项栏的渐变拾色器中选择"前景色到背景色渐变"，如图 5-5 所示，然后按"Shift"

键从选框的上边向下边拖动，为选框进行渐变填充，填充渐变后的效果如图 5-6 所示。

4 在菜单中执行【选择】→【变换选区】命令，显示变换框，再在选项栏的 W: 80.00% H: 80.00% 中输入 80%，将选框缩小，如图 5-7 所示，然后在选项栏中单击 ✓ 按钮，确认变换，使用渐变工具从选框的下边向上边拖动，为选框进行渐变填充，填充颜色后的效果如图 5-8 所示。

图 5-5　渐变拾色器

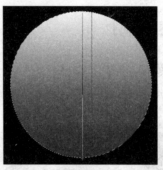
图 5-6　填充渐变后的效果

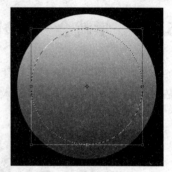
图 5-7　将选框缩小

5 在菜单中执行【选择】→【变换选区】命令，显示变换框，再在选项栏的 W: 95% H: 95.00% 中输入 95%，将选框缩小，如图 5-9 所示，在变换框中双击确认变换。

6 在【图层】面板中单击 ▣（创建新图层）按钮，新建图层 2，如图 5-10 所示。

图 5-8　进行渐变填充

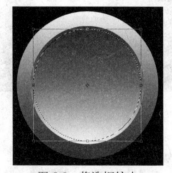
图 5-9　将选框缩小

图 5-10　【图层】面板

7 在 ▣ 渐变工具的选项栏中单击 ▭ 按钮，显示【渐变编辑器】对话框，再在渐变条下方单击添加一个色标，设置该色标的颜色为 R190、G122、B0，然后设置左边色标颜色为 R196、G224、B172，右边色标颜色为 R130、G0、B16，如图 5-11 所示，设置好后单击【确定】按钮，接着从选框的下边向上边拖动，为选框进行渐变填充，填充颜色后的效果如图 5-12 所示。

8 在【图层】面板中单击 ▣（创建新图层）按钮，新建图层 3，如图 5-13 所示，在菜单中执行【选择】→【变换选区】命令，显示变换框，在选项栏的 W: 95% H: 95.00% 中输入 95%，将选框缩小，如图 5-14 所示，在变换框中双击确认变换。

9 设置前景色为 R250、G250、B250，背景色为 R246、G209、B0，在渐变工具选项栏的渐变拾色器中选择"前景色到背景色渐变"，然后按"Shift"键从选框的下边向上边拖动，为选框进行渐变填充，填充渐变后的效果如图 5-15 所示。

10 按"Ctrl"+"O"键从配套光盘中的素材库中打开一个图像文件，如图 5-16 所示，按"Ctrl"+"A"键全选，再按"Ctrl"+"C"键执行【复制】命令，将其复制到剪贴板中。

图 5-11 【渐变编辑器】对话框

图 5-12 进行渐变填充

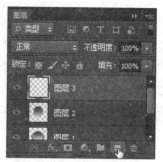

图 5-13 【图层】面板

图 5-14 将选框缩小

图 5-15 进行渐变填充

图 5-16 打开的图像文件

11 激活绘制的按钮文件，在菜单中执行【编辑】→【选择性粘贴】→【贴入】命令，即可将复制的内容贴入椭圆选框中，同时取消选择，结果如图 5-17 所示，然后使用移动工具将贴入的图片移动到适当位置，如图 5-18 所示。

12 在【图层】面板中设置图层 4 的【不透明度】为 50%，如图 5-19 所示，得到如图 5-20 所示的效果。

图 5-17 将复制的内容贴入椭圆选框

图 5-18 调整后的效果

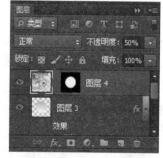

图 5-19 【图层】面板

13 在【图层】面板中单击【创建新图层】按钮，新建图层 5，如图 5-21 所示，再在工具箱中选择 ◯ 椭圆选框工具，在画面的按钮中绘制一个椭圆选框，如图 5-22 所示。

14 设置前景色为白色，在渐变工具选项栏的渐变拾色器中选择"前景色到透明渐变"，如图 5-23 所示，然后按"Shift"键从选框的上边向下边拖动，为选框进行渐变填充，填充渐变后的效果如图 5-24 所示，接着按"Ctrl"+"D"键取消选择，得到如图 5-25 所示的效果。

图 5-20 调整后的效果

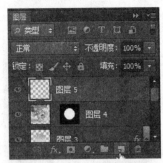

图 5-21 【图层】面板

图 5-22 绘制椭圆选框

图 5-23 渐变拾色器

图 5-24 进行渐变填充

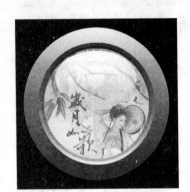

图 5-25 取消选择后的效果

5.2 知识延伸

5.2.1 渐变工具

渐变工具可以创建多种颜色间的逐渐混合，可以从预设渐变填充中选取或创建自己的渐变。

 提示

渐变工具不能用于位图、索引颜色的图像。

在工具箱中选择■渐变工具，就会在选项栏中显示它的相关选项，如图 5-26 所示，在图像窗口中拖动鼠标，即可为图像窗口进行渐变填充，如果图像窗口中有选区，则只为选区进行渐变填充。

图 5-26 渐变工具选项栏

渐变工具选项栏中的选项说明如下：

- ■（线性渐变）：从起点（按下鼠标左键处）到终点（松开鼠标左键处）做线性渐变。
- ■（径向渐变）：从起点到终点做圆形图案渐变。
- ■（角度渐变）：从起点到终点做逆时针环绕渐变。

- ▣（对称渐变）：从起点处向两侧逐渐展开。
- ◪（菱形渐变）：从起点处向外以菱形图案逐渐改变，终点定义菱形的一角。
- 【反向】：勾选它可反转渐变填充中颜色的顺序。
- 【仿色】：勾选它可用较小的带宽创建较平滑的混合。
- 【透明区域】：勾选它可对渐变填充使用透明蒙版。

5.2.2　渐变编辑器

在渐变工具的选项栏中单击████████（可编辑渐变）按钮，可弹出如图 5-27 所示的【渐变编辑器】对话框，可以在【预设】框中直接单击所需的渐变，在【渐变类型】栏中编辑自定的渐变，也可以将编辑好的渐变存储到【预设】框中，只需单击【新建】按钮即可。还可以将设置好的渐变组存储起来，以备后用。只需单击【存储】按钮，即可弹出【存储】对话框并可以在其中给这组渐变命名；单击【载入】按钮，可以将已存储的渐变组调入【预设】框中，以便直接调用。

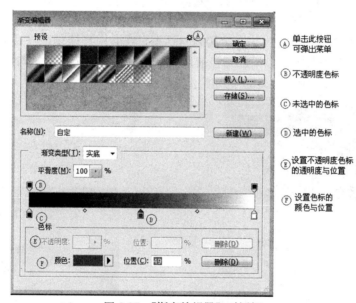

图 5-27　【渐变编辑器】对话框

5.2.3　油漆桶工具

使用油漆桶工具可以为图像填充颜色值和单击像素相似的相邻像素，但是它不能用于位图模式的图像。

上机实战　使用油漆桶工具填充图像

1　在工具箱中选择█椭圆选框工具，在选项栏中选择█按钮，在画面中先拖出一个椭圆选框，如图 5-28 所示，然后绘制多个椭圆选框，以添加到选区中，绘制好的选区如图 5-29 所示。

2　在工具箱中选择█油漆桶工具，选项栏中就会显示它的相关选项，如图 5-30 所示，在【填充】下拉列表中选中【图案】选项，图案后的████████按钮成为活动可用状态，单击█下拉按钮，将弹出【图案】面板，可以在其中单击█按钮，在弹出的下拉菜单中选择"岩石图

案"命令，如图 5-31 所示。

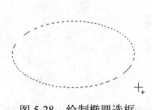

图 5-28 绘制椭圆选框

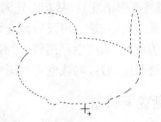

图 5-29 添加多个椭圆选框后的效果

图 5-30 油漆桶工具选项栏

油漆桶工具选项栏说明如下：

- 前景 填充：在【填充】下拉列表中可以选择"前景"或"图案"来填充图像或选区。
- 【所有图层】：勾选该选项，可以基于所有可见图层中的合并颜色数据填充像素。

3 选择"岩石图案"后将弹出一个警告对话框，在其中直接单击【追加】按钮，如图 5-32 所示，即可将"岩石图案"添加到当前面板中，再在其中选择所需的图案，如图 5-33 所示，然后在创建的选区中单击，即可用所选图案填充选区，如图 5-34 所示。

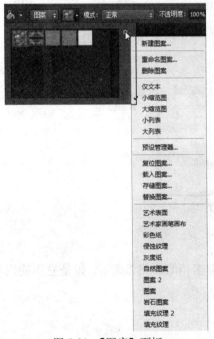

图 5-31 【图案】面板

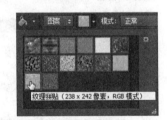

图 5-32 警告对话框

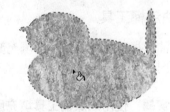

图 5-33 【图案】面板

图 5-34 图案填充

5.2.4 选择性粘贴

在 Photoshop 中执行复制、剪切或合并拷贝命令后，可以有选择性的将复制或剪切到剪贴板中的内容，粘贴到指定的位置，如选区内、选区外、同一图像的某个位置或另一个图像中或者在原位置进行粘贴。

上机实战 将内容粘贴到指定区域外

1 按"Ctrl"+"O"键从配套光盘的素材库中打开两个图像文件，并将它们双联排列，如图 5-35 所示。

图 5-35 打开的图像文件

2 以"018.psd"文件为当前文件，用魔棒工具在画面中蜻蜓外的区域单击，再按"Ctrl"+"Shift"+"I"键将选区反选，以选择蜻蜓，如图 5-36 所示，然后按"Ctrl"+"C"键进行复制，将选区中的内容复制到剪贴板中。

3 激活"017.jpg"文件，以它为当前文件，使用■快速选择工具，在画面中选择荷花中的一瓣花瓣，如图 5-37 所示。

4 在菜单中执行【编辑】→【选择性粘贴】→【外部粘贴】命令，即可将复制到剪贴板中的内容粘贴至"017.jpg"图像中选区的外部，如图 5-38 所示，同时在【图层】面板中也自动生成一个图层并带有图层蒙版，如图 5-39 所示。用移动工具将复制的内容向上移动到适当位置，得到如图 5-40 所示的效果。

图 5-36 选择蜻蜓　　　图 5-37 选择荷花中的一瓣花瓣　　　图 5-38 执行【外部粘贴】命令后的效果

图 5-39 【图层】面板

图 5-40 移动蜻蜓到适当位置

5.3 思考与练习

一、填空题

1. 在 Photoshop 中执行_____、_____或_____命令后，可以有选择性的将复制或剪切到剪贴板中的内容，粘贴到指定的位置。

2. 渐变工具可以创建_____。可以从预设渐变填充中_____或_____的渐变。

二、小试牛刀——苹果按钮

使用渐变工具并结合图层样式制作如图 5-41 所示的苹果按钮。

实例效果图

图 5-41 苹果按钮

制作流程图

1. 用椭圆选框工具绘制圆形选框并用渐变工具填充渐变颜色

2. 添加投影、内发光、内阴影图层样式后的效果

3. 用椭圆选框工具绘制选框

4. 用渐变工具填充渐变颜色

图 5-42 制作流程图

第 6 章　图层、蒙版和通道的使用

6.1　一学就会——沙漠集市

先打开素材图片，再使用移动工具将几张图片复制到一张背景图片中，然后使用添加图层蒙版、画笔工具、创建新通道、色阶、将通道作为选区载入等工具和命令将几张图片组合成一幅画，最后使用光照效果、色阶和调整图层调整这幅画的颜色与色调。实例效果如图 6-1 所示。

图 6-1　沙漠集市效果图

操作步骤

1　按 "Ctrl" + "O" 键从配套光盘的素材库中打开已经准备好的 3 个图像文件，并将其拖出文档标题栏呈浮停状态，如图 6-2 所示。

2　以 "6-01.jpg" 文件为当前文件并作为制作沙漠集市的背景文件，在工具箱中选择 ⊕移动工具，将 "6-02.jpg" 文件拖动到 "6-01.jpg" 文件中并排放到所需的位置，如图 6-3 所示。

图 6-2　打开的 3 个图像文件

图 6-3　复制并排放图片

3 在【图层】面板中单击 ■（添加图层蒙版）按钮，为图层 1 添加图层蒙版，如图 6-4 所示，设置前景色为黑色，再选择 ✔ 画笔工具，在选项栏中设置【不透明度】为 50%，在【画笔】面板中选择所需的画笔，设置【大小】为 80 像素（也可按[与]键来调整画笔的大小），如图 6-5 所示，然后在画面中没有人物的背景上进行涂抹，以将其隐藏，涂抹后的效果如图 6-6 所示。

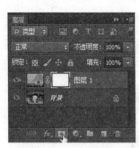

图 6-4 【图层】面板

图 6-5 【画笔】面板

图 6-6 涂抹隐藏后的效果

4 使用移动工具将 "6-03.jpg" 中的图像拖动到画面中并单击【添加图层蒙版】按钮，为图层 3 添加蒙版，如图 6-7 所示。

5 在工具箱中选择画笔工具，同样按[与]键来调整画笔的大小，并对蒙版进行编辑，编辑后的效果如图 6-8 所示。

图 6-7 给图层 3 添加蒙版

图 6-8 对蒙版进行编辑后的效果

6 在【通道】面板中拖动蓝通道到 ■（创建新通道）按钮上，复制一个副本，如图 6-9 所示。

7 按 "Ctrl" + "L" 键执行【色阶】命令，弹出【色阶】对话框，在其中设置所需的参数，如图 6-10 所示，调整画面的对比度，调整好后单击【确定】按钮，得到如图 6-11 所示的效果。

图 6-9 【通道】面板

8 在【通道】面板中单击 ■（将通道作为选区载入）按钮，得到如图 6-12 所示的选区。再激活 RGB 复合通道，如图 6-13 所示。

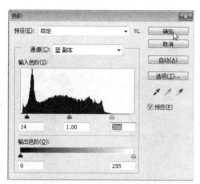

图 6-10　【色阶】对话框

图 6-11　执行【色阶】命令后的效果

图 6-12　将通道作为选区载入

图 6-13　激活 RGB 复合通道

　　9　在【选择】菜单中执行【修改】→【羽化】命令，弹出【羽化选区】对话框，在其中设置【羽化半径】为 3 像素，如图 6-14 所示，设置好后单击【确定】按钮将选区羽化，如图 6-15 所示。

图 6-14　【羽化选区】对话框

图 6-15　羽化后的选区

　　10　在【滤镜】菜单中执行【渲染】下的【光照效果】命令，显示【属性】面板，在其列表中选择点光，然后在画面中将圆圈拖大并移动到所需的位置，再在【属性】面板中设置所需的参数，如图 6-16 所示，在选项栏中单击【确定】按钮，按"Ctrl"+"D"键取消选择，即可得到如图 6-17 所示的效果。

　　11　在【图层】面板中的底部单击 ◉（创建新的填充或调整图层）按钮，在弹出的菜单中选择【色阶】命令，弹出【属性】面板，在其中设置所需的参数，如图 6-18 所示，调亮画面，调整好后的效果如图 6-19 所示。

图 6-16 执行【光照效果】命令

图 6-17 执行【光照效果】命令后的效果

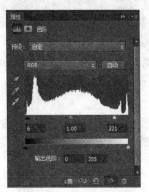

图 6-18 【属性】面板

图 6-19 执行【色阶】命令后的效果

6.2 知识延伸

6.2.1 关于图层

在 Photoshop 中对图层的操作是非常频繁的工作。可以通过建立图层、调整图层、处理图层、分布与排列图层、复制图层等工作分别编辑和处理图像中的各个元素，从而得到富有层次、整个关联的图像效果。

可以在不影响图像中其他图素的情况下使用图层处理某一图素。所谓图层，我们通过在纸上的图像与计算机上画的图像作一比较，就可以深入地了解图层的概念。通常纸上的图像是一张一个图，而计算机上的图像是可以将它画在多张如透明的塑料薄膜上画上图像的一部分，最后将这多张的塑料薄膜叠加在一起，就可浏览到最终的效果，每一张塑料膜被称为图层，如图 6-20 所示。

如果图层上没有任何像素，则该图层是完全透明的，就可以一直看到底下的图层。通过更改图层的顺序和属性，可以改变图像的合成。另外利用调整图层、填充图层和图层样式等特殊功能可创建出复杂效果。

可以使用图层来执行多种任务，如复合多个图像、向图像添加文本或添加矢量图形形状。可以应用图层样式来添加特殊效果，如投影或发光。

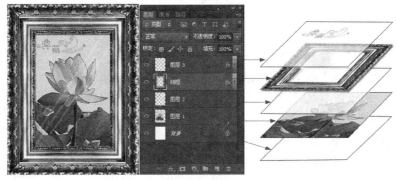

图 6-20　图层分析

1. 非破坏性工作

有时，图层不会包含任何显而易见的内容。例如，调整图层包含可对其下面的图层产生影响的颜色或色调调整。可以编辑调整图层并保持下层像素不变，而不是直接编辑图像像素。

名为智能对象的特殊类型的图层包含一个或多个内容图层。可以变换（缩放、斜切或整形）智能对象，而无需直接编辑图像像素。也可以将智能对象作为单独的图像进行编辑，即使在将智能对象置入到 Photoshop 图像中之后也是如此。智能对象也可以包含智能滤镜效果，可以在对图像应用滤镜时不造成任何破坏，以便用户以后能够调整或移去滤镜效果。

2. 组织图层

新图像包含一个图层。可以添加到图像中的附加图层、图层效果和图层组的数目只受计算机内存的限制。

可以在【图层】面板中使用图层。图层组可以帮助用户组织和管理图层。可以使用组来按逻辑顺序排列图层，并减轻【图层】面板中的杂乱情况。可以将组嵌套在其他组内。还可以使用组将属性和蒙版同时应用到多个图层。

6.2.2　图层面板

Photoshop 中的新图像只有一个图层，该图层称为背景层。既不能更改背景层在堆叠顺序中的位置（它总是在堆叠顺序的最底层），也不能将混合模式或不透明度直接应用于背景层（除非先将其转换为普通图层）。可以添加到图像中的附加图层、图层组和图层效果，其【图层】面板如图 6-21 所示。

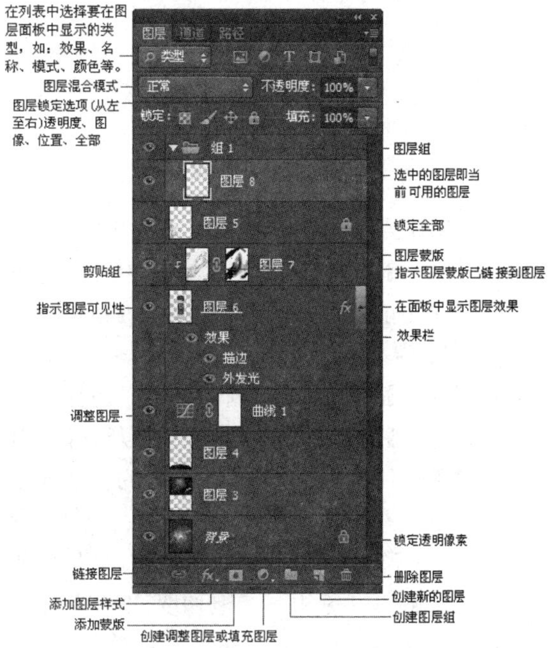

图 6-21　【图层】面板

6.2.3　图层菜单

在菜单栏中单击【图层】菜单，便会弹出下拉菜单，可以在其中选择要对图层执行的命令，如新建、复制图层、删除图层/图层组、图层编组等。命令后面有小三角形符号的表示还有许多子命令，如图 6-22 所示。

6.2.4 创建与编辑图层

可以创建空图层，然后向其中添加内容，也可以利用现有的内容来创建新图层。创建新图层时，它在【图层】面板中显示在所选图层的上面或所选图层组内。

创建一个图层有多种方法，可以利用菜单命令、利用【图层】面板底部的 （创建新图层）按钮以及利用【图层】面板的弹出式菜单命令创建图层。

图 6-22 【图层】菜单

上机实战　利用菜单命令创建图层

1 按"Ctrl"+"N"键新建一个 RGB 颜色的图像文件，大小自定。

2 在菜单中执行【图层】→【新建】→【图层】命令，弹出【新建图层】对话框，在其中可以根据需要进行设置，如图 6-23 所示，设置好后单击【确定】按钮，即可新建一个图层，如图 6-24 所示。

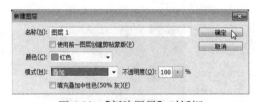

图 6-23 【新建图层】对话框

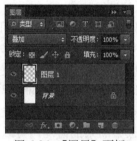

图 6-24 【图层】面板

【新建图层】对话框中的选项说明如下：

- 【名称】：在【名称】文本框中可以输入图层名称，也可以采用默认名称。
- 【使用前一图层创建剪贴蒙版】：勾选该选项可与前一图层（即它下面的图层）进行编组，从而构成剪贴组。
- 【颜色】：在此下拉列表中可以选择新建图层在【图层】面板中的显示颜色。
- 【模式】：在此下拉列表中可以选择混合模式。
- 【不透明度】：可以设置图层的不透明度，0%为完全透明，100%为完全不透明。
- 【填充叠加中性色（50%灰）】：中性色是根据图层的混合模式而定的，并且无法看到。如果不应用效果，用中性色填充对其余图层没有任何影响。它不适用于使用"正常"、"溶解"、"色相"、"饱和度"、"颜色"或"亮度"等模式的图层。

上机实战　利用【图层】面板创建图层并添加内容

1 在【图层】面板的底部单击 （创建新图层）按钮，即可直接新建一个图层而不会弹出一个对话框，如图 6-25 所示。如果用户只是需要一个图层，而不需要其他的设置，则利用这种方法比较快捷。在【图层】面板中单击 按钮，在弹出的面板菜单中选择【新建图层】

命令，会弹出一个【新建图层】对话框，在对话框中可以根据需要设置参数，设置好后单击【确定】按钮，也可以新建一个图层。

2 在工具箱中设置前景色为#32a71f，选择 自定形状工具，在选项栏中选择像素，接着在【形状】弹出式面板中选择所需的形状，如图 6-26 所示，其他为默认值，然后在图像窗口中拖动，即可绘制出刚选择的图案，画面效果如图 6-27 所示，其【图层】面板如图 6-28 所示。

图 6-25 【图层】面板

图 6-26 选择形状

图 6-27 绘制好的图案

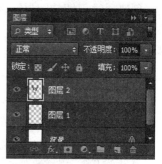

图 6-28 【图层】面板

6.2.5 复制图层

在编辑和绘制图像时，如果需要一些相同的内容，或者需要在副本中进行编辑与绘制，可以利用【复制图层】命令轻松地得到相同的内容。

上机实战 复制图层

1 以图层 2 为当前图层，在菜单中执行【图层】→【复制图层】命令，弹出如图 6-29 所示的对话框，用户可在其中为副本命名，也可采用默认名称，目标文档为当前的文件，也可以选择其他的文档，将复制的内容粘贴到其他文件中，单击【确定】按钮，即可复制一个图层，画面效果并没有发生变化，【图层】面板如图 6-30 所示。

2 可以用移动工具将其向左上方移动到适当位置，从而使画面发生变化，画面效果如图 6-31 所示。

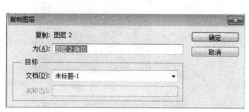

图 6-29 【复制图层】对话框

图 6-30 【图层】面板

图 6-31 移动图层后的效果

提示

可以直接在【图层】面板中复制图层，只需在【图层】面板中拖动要复制的图层到■（创建新图层）按钮上，当按钮呈凹下状态时松开鼠标左键，即可复制一个图层，如图 6-32 所示。

1. 通过拷贝或剪切图像创建图层

一般情况下，在一个图层上所做的操作都不会影响其他图层，如"创建通过拷贝的图层"或"创建通过剪切的图层"都是选中要处理的图层作为当前可用图层，再通过拷贝或剪切直接创建新图层。而【拷贝】或【剪切】命令，则是通过【粘贴】命令将复制到剪贴板中的内容粘贴到新图层中。

2. 创建通过拷贝的图层

在菜单中执行【图层】→【新建】→【通过拷贝的图层】命令，或直接按"Ctrl"＋"J"键，可得到一个新的图层，如图 6-33 所示，画面中的效果没有发生什么变化。

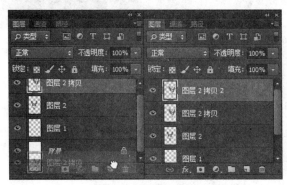

图 6-32 【图层】面板

图 6-33 【图层】面板

6.2.6 显示与隐藏图层

在设计时，通常需要显示/隐藏图层来查看效果。特别是在制作动画时，可能一个图层需要显示，另一个图层需要隐藏；或者需要同时隐藏多个图层，然后逐一显示每个图层；以及同时在【动画】面板中添加相应的帧，以制作出动画效果。

上机实战 显示/隐藏图层

1 在【图层】面板中图层 2 拷贝 2 至图层 2 的眼睛图标上拖动，使它不可见，即可隐藏这些图层，如图 6-34 所示。

2 再次拖动或单击便会重新显示。

图 6-34 隐藏图层

提示

在图层缩览图前面的方框（或眼睛图标）上按鼠标左键向上或向下拖动，可显示眼睛图标（或隐藏眼睛图标）来显示/隐藏多个图层。

6.2.7　图层样式

Photoshop 提供了许多不同效果的图层样式，如投影、内/外发光、斜面和浮雕、叠加和描边等，利用这些效果可以迅速改变图层内容的外观。当图层具有样式时，【图层】面板中该图层名称的右边会出现 fx. 图标。可以在【图层】面板中展开样式，以查看组成样式的所有效果和编辑效果以更改样式。

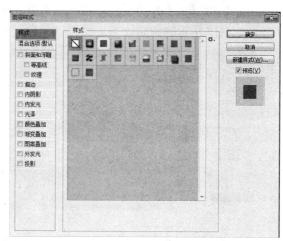

图 6-35　【图层样式】对话框

在存储自定样式时，该样式成为预设样式。预设样式出现在【样式】面板或在【图层样式】对话框的样式栏中，如图 6-35 所示，只需单击某样式即可应用。Photoshop 提供了各种预设样式以满足广泛的用途。

 提　示

对背景、锁定的图层或组不能应用图层效果和样式。

在菜单中执行【图层】→【图层样式】命令，弹出子菜单，在其中选择所需的命令（如混合选项、投影、内阴影、外发光、内发光、斜面和浮雕、光泽、颜色叠加、渐变叠加、图案叠加、描边、拷贝图层样式、粘贴图层样式、清除图层样式、全局光、创建图层、隐藏所有效果和缩放效果），可为图像添加图层效果和设置图层的混合选项。

上机实战　设置图层样式

1　保持图层 2 拷贝 3 为当前图层，在菜单中执行【图层】→【图层样式】→【斜面和浮雕】命令，弹出【图层样式】对话框，在其中设置【大小】为 7 像素，【角度】为 135 度，【高度】为 74 度，其他不变，如图 6-36 所示，暂不单击【确定】按钮，因为还要添加其他样式，将对话框移向一边，即可看到画面效果，如图 6-37 所示。

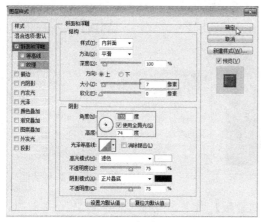

图 6-36　【图层样式】对话框

图 6-37　添加图层样式后的效果

2 在【图层样式】对话框中勾选【描边】选项，再单击【投影】选项，然后设置【距离】为 9 像素，【大小】为 9 像素，其他不变，如图 6-38 所示，设置好后单击【确定】按钮，得到如图 6-39 所示的画面效果。按"Ctrl"＋"S"键将其保存并命名为"图层练习 a.psd"。

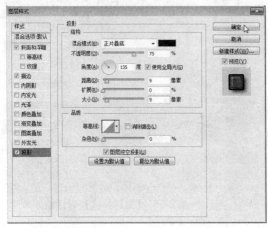

图 6-38 【图层样式】对话框 　　　　　　图 6-39 添加图层样式后的效果

6.2.8 创建剪贴蒙版

使用剪贴蒙版可以使某个图层的内容遮盖其上方的图层。遮盖效果是由底部图层或基底图层决定的内容。基底图层的非透明内容将在剪贴蒙版中裁剪（显示）它上方的图层的内容。剪贴图层中的所有其他内容将被遮盖掉。

可以在剪贴蒙版中使用多个图层，但它们必须是连续的图层。蒙版中的基底图层名称带下划线，上层图层的缩览图是缩进的。叠加图层将显示一个剪贴蒙版图标 。

上机实战　创建剪贴蒙版

1 按"Ctrl"＋"O"键从配套光盘的素材库中打开一个图像文件，如图 6-40 所示，在菜单中执行【图层】→【复制图层】命令，弹出【复制图层】对话框，在其中的【文档】下拉列表中选择"图层练习 a.psd"，如图 6-41 所示，单击【确定】按钮，即可将打开的图像复制到"图层练习 a.psd"文件中，在文档标题栏中单击"图层练习 a.psd"标签，使它为当前文件，即可看到已经将打开的图像复制到其中了，画面效果如图 6-42 所示。

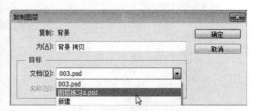

图 6-40 打开的图像文件 　　　　　　图 6-41 【复制图层】对话框

2 在菜单中执行【图层】→【创建剪贴蒙版】命令，或按"Alt"＋"Ctrl"＋"G"键，即可给图层创建剪贴蒙版，如图 6-43 所示。

图 6-42　复制图层后的效果

图 6-43　创建剪贴蒙版

6.2.9　蒙版图层

蒙版控制图层或组中的不同区域如何隐藏和显示。通过更改蒙版，可以对图层应用各种特殊效果，而不会实际影响该图层上的像素。

蒙版包括图层蒙版和适量蒙版两种类型。

● 图层蒙版：是位图图像，与分辨率相关，并且由绘画或选择工具创建。

● 矢量蒙版：与分辨率无关，并且由钢笔或形状工具创建。

在【图层】面板中，图层蒙版和矢量蒙版都显示为图层缩览图右边的附加缩览图。对于图层蒙版，此缩览图代表添加图层蒙版时创建的灰度通道。矢量蒙版缩览图代表从图层内容中剪下来的路径，图像效果如图 6-44 所示，【图层】面板如图 6-45 所示。

图 6-44　图像效果

图 6-45　【图层】面板

可以编辑图层蒙版，以便向蒙版区域中添加内容或从中减去内容。图层蒙版是一种灰度图像，因此用黑色绘制的区域将被隐藏，用白色绘制的区域是可见的，而用灰度绘制的区域则会出现在不同层次的透明区域中。

矢量蒙版可以在图层上创建锐边形状。使用矢量蒙版创建图层之后，可以向该图层应用一个或多个图层样式，如果需要，还可以编辑这些图层样式。

在菜单中执行【图层】→【图层蒙版】命令，将弹出子菜单，在其中放置了【显示全部】、【隐藏全部】、【显示选区】、【隐藏选区】、【从透明区域】、【删除】、【应用】、【启用】与【取消链接】命令。

在菜单中执行【图层】→【矢量蒙版】命令，将弹出子菜单，在其中放置了【显示全部】、【隐藏全部】、【当前路径】、【删除】、【应用】、【启用】与【取消链接】命令。

6.2.10 关于通道

通道是存储不同类型信息的灰度图像，包括颜色信息通道、Alpha 通道和专色通道 3 种类型。

（1）颜色信息通道：是在打开新图像时自动创建的。图像的颜色模式决定了所创建的颜色通道的数目。例如，RGB 图像的每种颜色（红色、绿色和蓝色）都有一个通道，并且还有一个用于编辑图像的复合通道。

（2）Alpha 通道：将选区存储为灰度图像。可以添加 Alpha 通道来创建和存储蒙版，这些蒙版用于处理或保护图像的某些部分。

（3）专色通道：指定用于专色油墨印刷的附加印版。

一个图像最多可有 56 个通道。通道所需的文件大小由通道中的像素信息决定。某些文件格式（包括 TIFF 和 Photoshop 格式）将压缩通道信息并且可以节约空间。当从弹出式菜单中选取"文档大小"时，未压缩文件（包括 Alpha 通道和图层）的大小显示在窗口底部状态栏最右边。

> **提示**
>
> 只要以支持图像颜色模式的格式存储文件，即会保留颜色通道。只有当以 Photoshop、PDF、PICT、Pixar、TIFF 或 Raw 格式存储文件时，才会保留 Alpha 通道。DCS 2.0 格式只保留专色通道。以其他格式存储文件可能会导致通道信息丢失。

6.2.11 通道面板

在【窗口】菜单中执行【通道】命令，可以显示或隐藏【通道】面板。从配套光盘的素材库中打开一张如图 6-46 所示的图片，【通道】面板如图 6-47 所示，单击右上角的小三角形按钮，将弹出如图 6-48 所示的弹出式菜单。

【通道】面板使用户可以创建并管理通道，以及监视编辑效果。该面板列出了图像中的所有通道：首先是复合通道（对于 RGB、CMYK 和 Lab 图像），然后是单个颜色通道，专色通道，最后是 Alpha 通道。通道内容的缩览图显示在通道名称的左侧，缩览图在编辑通道时自动更新。

图 6-46　打开的图片

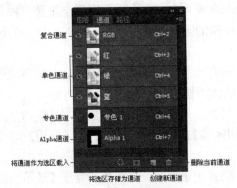

图 6-47　【通道】面板

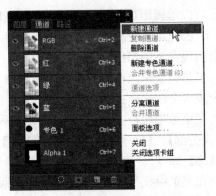

图 6-48　【通道】面板弹出式菜单

6.2.12 创建 Alpha 通道

在【通道】面板的底部单击 (创建新通道)按钮。即可创建一个新通道，而新通道将按创建顺序命名。如果使用绘画或编辑工具在图像中绘画，用黑色绘画可添加到通道，用白色绘画可从通道中删除，用较低不透明度或颜色绘画可以将较低的透明度添加到通道。可以创建一个新的 Alpha 通道，然后使用绘画工具、编辑工具和滤镜向其中添加蒙版。

上机实战 创建 Alpha 通道

1 从配套光盘的素材库中打开一张风景图片（如图 6-49 所示）和一个有艺术文字的文件，再按"Ctrl"键在"010.psd"文件中单击图层 1，将艺术文字载入选区，如图 6-50 所示，按"Ctrl"+"C"键进行复制。

图 6-49 打开的风景图片   图 6-50 打开的文件

2 在"09.psd"文件的【通道】面板中单击 (创建新通道)按钮，即可新建一个通道为 Alpha1，如图 6-51 所示，按"Ctrl"+"V"键粘贴，并向上移动到适当位置，如图 6-52 所示，再按"Ctrl"+"D"键取消选择。

图 6-51 【通道】面板   图 6-52 粘贴所得的效果

6.2.13 编辑通道

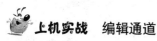 **上机实战 编辑通道**

1 接着上节进行操作。在【通道】面板中拖动 Alpha 1 通道到 (创建新通道)按钮上，当指针呈凹下状态时松开鼠标左键，如图 6-53 所示，即可复制一个副本，结果如图 6-54 所示。

2 在菜单中执行【滤镜】→【模糊】→【高斯模糊】命令，弹出如图 6-55 所示对话框，在其中设置【半径】为 3 像素，单击【确定】按钮，得到如图 6-56 所示的效果。

图 6-53 【通道】面板

图 6-54 【通道】面板

图 6-55 【高斯模糊】对话框

图 6-56 高斯模糊后的效果

6.3 思考与练习

一、填空题

1. 图层蒙版是_____，与_____相关，并且由绘画或选择工具创建。矢量蒙版与_____无关，并且由钢笔或形状工具创建。

2. 如果图层上没有任何像素，则该图层是_____透明的，就可以一直看到底下的图层。通过更改图层的_____和_____，可以改变图像的合成。另外利用调整图层、填充图层和图层样式等特殊功能可创建出复杂效果。

二、小试牛刀——制作美丽的风景画

图 6-57 效果图

制作流程图

图 6-58　制作流程图

第 7 章　文字工具的使用

7.1　一学就会——扇形字

先使用钢笔工具、创建新路径、将路径作为选区载入、创建新图层、图层样式等工具与命令绘制一个扇形，再使用横排文字工具、创建变形文字、图层样式等工具与命令创建扇形文字。实例效果如图 7-1 所示。

图 7-1　实例效果图

🖱 操作步骤

1　按"Ctrl"＋"N"键新建一个文件，设置【大小】为 510×210 像素，【分辨率】为 96 像素/英寸，【颜色模式】为 RGB 颜色，【背景内容】为白色。

2　显示【路径】面板，在其中单击▣（创建新路径）按钮，新建路径 1，如图 7-2 所示。

3　从工具箱中选择✐钢笔工具，在选项栏 ✐▾ 路径 ✦ 中选择路径，在画面上勾画出如图 7-3 所示的路径。

图 7-2　【路径】面板

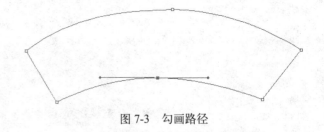

图 7-3　勾画路径

4　在【路径】面板中单击▣（将路径作为选区载入）按钮，如图 7-4 所示，将路径载入选区，得到如图 7-5 所示的选区。

图 7-4　【路径】面板

图 7-5　将路径作为选区载入

5　显示【图层】面板，在其中单击（创建新图层）按钮，新建图层 1，如图 7-6 所示，设置前景色为#ce6b00，按"Alt"＋"Delete"键填充前景色，再按"Ctrl"＋"D"键取消选择，得到如图 7-7 所示的结果。

图 7-6　【图层】面板　　　　　　　　　　　图 7-7　填充颜色

6　在【图层】面板中双击图层 1，弹出【图层样式】对话框，在其中选择【投影】选项，然后在右边栏中设置所需的参数，如图 7-8 所示。

7　在【图层样式】对话框的左边选择【斜面和浮雕】选项，然后在右边栏中进行设置，具体参数如图 7-9 所示。

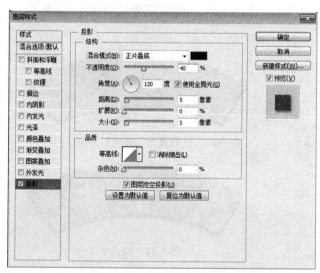

图 7-8　【图层样式】对话框

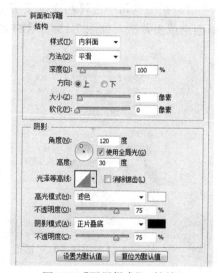

图 7-9　【图层样式】对话框

8　在【图层样式】对话框的左边选择【等高线】选项，然后在右边栏中进行设置，具体参数如图 7-10 所示。

9　在【图层样式】对话框的左边选择【渐变叠加】选项，然后在右边栏中单击渐变图标，弹出【渐变编辑器】对话框，在其中设置渐变，

图 7-10　【图层样式】对话框

如图 7-11 所示，单击【确定】按钮，返回到【图层样式】对话框中进行其他选项设置，具体参数如图 7-12 所示。

图 7-11 【渐变编辑器】对话框

图 7-12 【图层样式】对话框

 提示

左边色标颜色#f9e600，右边色标颜色#6f156c。

10 在【图层样式】对话框的左边选择【描边】选项，然后在右边栏中进行设置，具体参数如图 7-13 所示，设置好后单击【确定】按钮，得到如图 7-14 所示的效果。

11 在工具箱中选择 横排文字工具，在选项栏中设置为 华文行楷 75点 ，在画面上单击并输入如图 7-15 所示的文字。

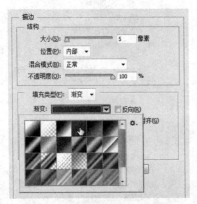

图 7-13 【图层样式】对话框

图 7-14 执行【图层样式】命令后的效果

图 7-15 输入文字

12 在选项栏中单击 （创建变形文字）按钮，弹出【变形文字】对话框，在其中进行设置，具体参数如图 7-16 所示，单击【确定】按钮，得到如图 7-17 所示的效果。

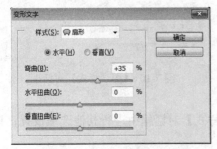

图 7-16 【变形文字】对话框

图 7-17 执行【变形文字】后的效果

13 在【图层】面板中双击文字图层，弹出【图层样式】对话框，在其中选择【投影】选项，然后在右边栏中进行设置，具体参数如图 7-18 所示。

14 在【图层样式】对话框的左边选择【内阴影】选项，然后在右边栏中设置内阴影颜色为#f9f894，其他参数设置如图 7-19 所示。

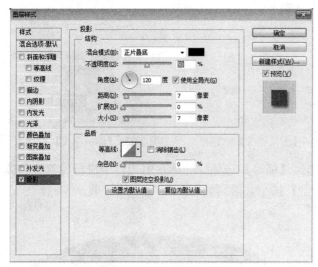

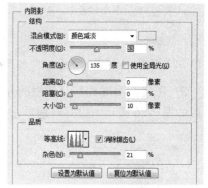

图 7-18　【图层样式】对话框　　　　　图 7-19　【图层样式】对话框

15 在【图层样式】对话框的左边选择【斜面和浮雕】选项，然后在右边栏中设置高光颜色为#fcb870，其他参数设置如图 7-20 所示。

16 在【图层样式】对话框的左边选择【等高线】选项，然后在右边栏中进行设置，具体参数如图 7-21 所示。

17 在【图层样式】对话框的左边选择【纹理】选项，然后在右边栏中进行设置，具体参数如图 7-22 所示。

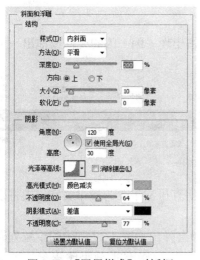

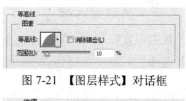

图 7-21　【图层样式】对话框

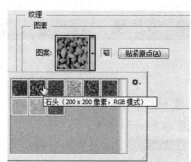

图 7-20　【图层样式】对话框　　　　　图 7-22　【图层样式】对话框

18 在【图层样式】对话框的左边选择【光泽】选项，然后在右边栏中设置光泽颜色为#4c0051，其他参数设置如图 7-23 所示。

19 在【图层样式】对话框的左边选择【颜色叠加】选项，然后在右边栏中设置叠加颜色为#986400，其他参数设置如图 7-24 所示。

20 在【图层样式】对话框的左边选择【渐变叠加】选项，然后在右边栏中进行设置，具体参数如图 7-25 所示。

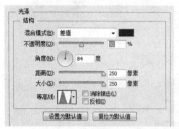
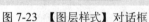
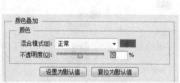
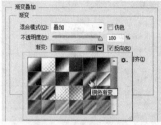

图 7-23　【图层样式】对话框　　　图 7-24　【图层样式】对话框　　　图 7-25　【图层样式】对话框

21 在【图层样式】对话框的左边选择【描边】选项，然后在右边栏中进行设置，具体参数如图 7-26 所示，设置好后单击【确定】按钮，得到如图 7-27 所示的效果。

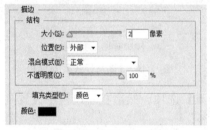

图 7-26　【图层样式】对话框　　　　　图 7-27　执行【图层样式】后的效果

7.2　知识延伸

7.2.1　文字工具选项说明

在工具箱中选择任何一种文字工具，在画面中单击出现一闪一闪的光标或拖出一个文本框后，其选项栏的显示如图 7-28 所示。

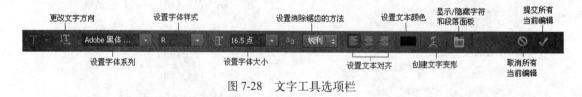

图 7-28　文字工具选项栏

- ⬚（更改文本方向）按钮：单击该按钮，可以将直排文字改为横排文字，或将横排文字改为直排文字。
- ⬚（设置字体系列）选项：单击该选项会弹出如图 7-29 所示的下拉列表，可以在其中选择所需的字体，如图 7-30 所示为设置不同字体的效果比较图。
- ⬚（设置字体样式）选项：在【设置字体系列】列表中选择了一些英文字体，则该选项成活动可用状态，单击下拉按钮，弹出如图 7-31 所示的下拉列表，可以在其中选择所需的字体样式，如图 7-32 所示为设置不同样式的效果对比图。

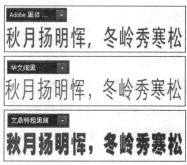

图 7-30 设置不同字体的效果比较图

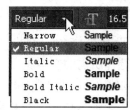

图 7-29 设置字体系列下拉列表

图 7-31 设置字体样式下拉列表

- （设置字体大小）选项：单击该选项会弹出如图 7-33 所示的下拉列表，可以在其中选择所需的字体大小，如图 7-34 所示为设置不同字体大小的效果对比图。

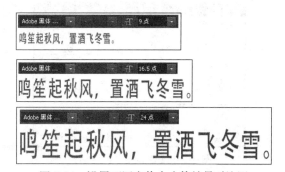

图 7-32 设置不同样式的　　　图 7-33 设置字体　　　图 7-34 设置不同字体大小的效果对比图
　　　　效果对比图　　　　　　　大小下拉列表

- （设置消除锯齿的方法）选项：使用该选项可以通过部分地填充边缘像素来产生边缘平滑的文字。这样文字边缘就会混合到背景中，单击 按钮，弹出如图 7-35 所示的列表，可以在其中选择所需的消除锯齿方法，如图 7-36 所示为设置不同消除锯齿方法的效果对比图。
  - 无：不应用消除锯齿。
  - 锐利：使文字显得最锐利。
  - 犀利：使文字显得稍微锐利。
  - 浑厚：使文字显得更粗重。
  - 平滑：使文字显得更平滑。

图 7-35 设置消除锯齿的方法

- ■（左对齐文本）按钮、■（居中对齐文本）按钮、■（右对齐文本）按钮：单击■按钮使文本向左对齐，单击■按钮使文本居中对齐，单击■按钮使文本右对齐，如图 7-37 所示。

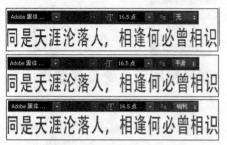

图 7-36　设置不同消除锯齿方法的效果对比图　　　　图 7-37　对齐文本效果对比图

- ■（设置文本颜色）按钮：单击该按钮会弹出【拾色器(文本颜色)】对话框，可以在其中选择所需的文本颜色。
- ■（创建文字变形）按钮：如果在画面中创建了文字，并且文字图层为当前图层（或用文字蒙版工具在输入好文字后，但还没有确认文字输入前），该按钮才可用，单击该按钮会弹出如图 7-38 所示的对话框，单击【样式】后的下拉按钮，弹出如图 7-39 所示的列表，可以根据需要选择样式，在【变形文字】对话框中选择了所需的样式（"无"除外）后，水平、垂直、弯曲、水平扭曲、垂直扭曲选项可用。如图 7-40 所示。

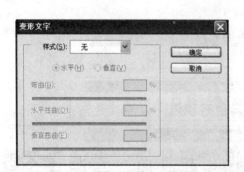

图 7-38　【变形文字】对话框　　　　　　　　图 7-39　【变形文字】对话框

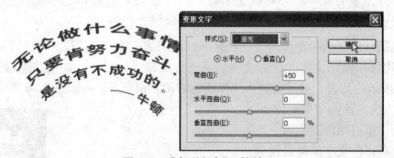

图 7-40　【变形文字】对话框

➤ 水平/垂直：选择【水平】单选框时可以水平方向变形文字，选择【垂直】单选框时则以垂直方向变形文字，如图 7-41 所示。

图 7-41 变形文字效果对比图

➢ 弯曲：可以拖动滑块或在文本框中输入-100～100 之间的数值确定弯曲程度，如图 7-42 所示。

图 7-42 变形文字效果对比图

➢ 水平扭曲：可以拖动滑块或在文本框中输入-100～100 之间的数值确定水平扭曲的程度，如图 7-43 所示。

图 7-43 变形文字效果对比图

➢ 垂直扭曲：可以拖动滑块或在文本框中输入-100～100 之间的数值确定垂直扭曲的程度，如图 7-44 所示。

图 7-44 变形文字效果对比图

● ▣（显示/隐藏字符和段落面板）按钮：单击该按钮可显示/隐藏【字符】和【段落】
面板，如图 7-45 所示。【字符】面板中各选项说明如下：

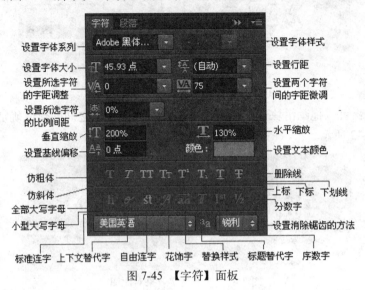

图 7-45 【字符】面板

➤ 【垂直缩放】/【水平缩放】选项：在其文本框中可以输入 0%～1000% 之间的数值，
指定文字高度和宽度之间比例，如图 7-46 所示为设置不同缩放比例的效果对比图。

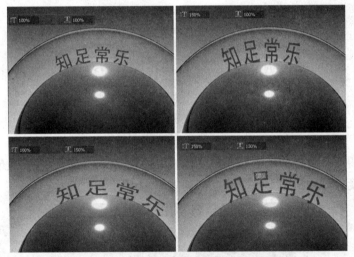

图 7-46 设置不同缩放比例的效果对比图

➤ ▣ 0% ▣（设置所选字符的比例间距）选项：在其下拉列表中可以选择所选字符
的比例间距。

➤ VA 75 ▣（设置所选字符的字距调整）/ VA 0 ▣（设置两个字符间的字距微调）
选项：字距调整是放宽或收紧选定文本或整个文本块中字符之间的间距的过程。
字距微调是增加或减少特定字符之间的间距过程。如图 7-47 所示为设置不同字距
微调值的比较图，如图 7-48 所示为设置所选字符不同字距调整值的比较图。

➤ 珞 (自动) ▣（设置行距）选项：在其下拉列表中可以选择所需的行距，也可以直接
在文本框中输入所需的数值，如图 7-49 所示为设置不同行距的效果比较图。

图 7-47　设置不同字距微调值的比较图

图 7-48　设置所选字符不同字距调整值的比较图

➤ 　（设置基线偏移）选项：在其文本框中可以输入-1296 点～1296 点之间的数值，设置文本偏移基线的距离，如图 7-50 所示为设置不同基线偏移值的效果比较图。

图 7-49　设置不同行距的效果比较图

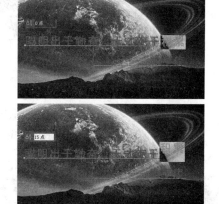
图 7-50　设置不同基线偏移值的效果比较图

➤ **T**（仿粗体）按钮：单击该按钮可以将所选的文字加粗，再次单击则还原，如图 7-51 所示的为设置基线偏移后单击 ✓ 按钮确认提交后再加粗后的效果。

图 7-51　加粗后的效果

➤ **T**（仿斜体）按钮：单击该按钮可将选择的文字倾斜，再次单击则还原。

➤ **TT**（全部大写字母）按钮：单击该按钮，可以将所选的字母全部大写，再次单击则还原，如图 7-52 所示为原文字与全部大写的效果对比图。

图 7-52　原文字与全部大写的效果对比图

> ➢ Ⅲ（小型大写字母）按钮：单击该按钮可将所选字母变成小型大写，再次单击则还原。
> ➢ 啞（上标）按钮：单击该按钮可将选择文字向上偏移一定距离，再次单击则还原，如图 7-53 所示为原文字与上标后的效果对比图。

图 7-53　原文字与上标后的效果对比图

> ➢ 啞（下标）按钮：单击该按钮可将选择文字向下偏移一定距离，再次单击则还原。
> ➢ Ⅲ（下划线）按钮：单击该按钮可为文字添加下划线，再次单击则还原，如图 7-54 所示为原文字与添加下划线后的效果对比图。
> ➢ 啞（删除线）按钮：单击该按钮可为文字添加删除线，再次单击则还原，如图 7-55 所示为原文字添加删除线后的效果。

<table>
<tr><td>图 7-54　原文字与添加下划线后的效果对比图</td><td>图 7-55　原文字添加删除线后的效果</td></tr>
</table>

> ● ◎（取消所有当前编辑）／✓（提交所有当前编辑）按钮：单击◎按钮可以取消所有当前编辑，单击✓按钮可以提交所有当前编辑。

7.2.2　段落面板及创建段落文字

　　可以使用【段落】面板，为文字图层中的单个段落、多个段落或全部段落设置格式化选项。在【窗口】菜单中执行【段落】命令，将弹出如图 7-56 所示的【段落】面板。

　　输入段落文字时，文字基于定界框的尺寸换行。可以输入多个段落并选择段落调整选项。

　　可以调整定界框的大小，这将使文字在调整后的矩形内重新排列。也可以在输入文字时或创建文字图层后调整定界框。还可以使用定界框来旋转、缩放和斜切文字。

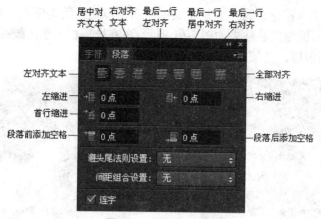

图 7-56 【段落】面板

![上机实战图标] **上机实战** 创建段落文字

1 按"Ctrl"+"O"键从配套光盘的素材库中打开一个要添加文字的文件,如图 7-57 所示。

2 在工具箱中选择 横排文字工具,在选项栏中设置【字体】为 Adobe 黑体,【字体大小】为 24 点,然后在画面中按下鼠标左键从一点向另一点拖移,如图 7-58 所示,达到所需的大小后松开鼠标左键,即可创建一个定界框,如图 7-59 所示。

图 7-57 打开的文件

图 7-58 创建文字定界框

3 在创建了定界框的同时出现一闪一闪的光标,这表示它正处于文字编辑状态,这时就可以直接输入所需的文字,如图 7-60 所示。

图 7-59 创建文字定界框

图 7-60 输入文字

4 移动指针到文本框之外按下左键将文本框向下拖动到所需位置，并拖动控制柄来调整段落文本框的大小，调整后的结果如图 7-61 所示，再在选项栏中单击✓按钮确认文字输入，即可完成段落文本的创建，结果如图 7-62 所示。

图 7-61　拖动文字

图 7-62　确认文字输入后的效果

7.2.3　在路径上创建文字

在 Photoshop 中用户可以输入沿着用钢笔或形状工具创建的工作路径的边缘排列的文字。

当用户沿着路径输入文字时，文字将沿着锚点添加到路径的方向排列。在路径上输入横排文字会导致字母与基线垂直。在路径上输入直排文字会导致文字方向与基线平行。

如果用户移动路径或更改其形状时，文字将会适应新的路径位置或形状。

上机实战　在路径上创建文字

1 按 "Ctrl" + "O" 键从配套光盘的素材库中打开一张图片，再在工具箱中选择 钢笔工具，在选项栏中选择路径，显示【路径】面板，在其中单击 （创建新路径）按钮，新建路径 1，如图 7-63 所示，然后在画面上勾画出如图 7-64 所示的路径。

图 7-63　【路径】面板

图 7-64　勾画路径

2 在工具箱中选择 横排文字工具，移动指针到路径上，当指针呈 状时在路径上单击，然后再输入文字 "幸福之桥"，如图 7-65 所示，按 "Ctrl" + "A" 键全选，在选项栏中设置【字体】为文鼎特粗黑简，【字体大小】为 36 点，画面效果如图 7-66 所示。

图 7-65 输入文字

图 7-66 编辑文字

3 在工具箱中选择 路径选择工具，移动指针到文字上，当指针呈 状时，按下鼠标左键向左拖动到所需的位置，如图 7-67 所示。

4 在工具箱中单击 路径选择工具，移动指针到路径上单击，以选择整个路径，然后拖动路径到如图 7-68 所示的位置，这样路径上的文字也跟着移动了。

图 7-67 编辑文字

图 7-68 编辑文字

7.2.4 文字图层

创建文字图层后，可以编辑文字并对其应用图层命令。可以更改文字取向、应用消除锯齿、在点文字与段落文字之间转换、基于文字创建工作路径或将文字转换为形状。可以像处理正常图层那样，移动、重新叠放、复制和更改文字图层的图层选项。还可以对文字图层进行以下更改并且仍能编辑文字。

（1）通过【编辑】菜单应用除【透视】和【扭曲】外的变换命令。

提示

要应用【透视】或【扭曲】命令，或要变换文字图层的一部分，用户必须首先栅格化文字图层，同时将文字形状转化为像素图像。但值得注意的是，栅格化文字不再具有矢量轮廓，并且不能再作为文字编辑。

（2）使用图层样式。

（3）使用填充快捷键。按"Alt"＋"Backspace"键或按"Alt"＋"Delete"键可以用前景色填充文字；按"Ctrl"＋"Backspace"键或按"Ctrl"＋"Delete"键可以用背景色填充文字。

（4）使文字变形以适应各种形状。

7.2.5 栅格化文字图层

对于包含矢量数据（如文字图层、形状图层和矢量蒙版）和生成的数据（如填充图层）的图层，不能使用绘画工具或滤镜。但是可以利用【栅格化】命令将它们栅格化，从而转换为普通图层，这样就可以使用绘画工具或滤镜了。

在菜单中执行【图层】→【栅格化】→【文字】命令，在【图层】面板中右击要栅格化的图层弹出快捷菜单，并在其中选择【栅格化图层】命令，就可以将文字图层转换为普通图层。这样对在文字图层中某些不能用的命令或工具，都能使用了。

上机实战 栅格化文字图层并对文字进行滤镜与描边处理

1 按 "Ctrl" + "O" 键从配套光盘的素材库中打开一张图片，作为图像的背景，如图 7-69 所示。

2 设置前景色为#ce5013，背景色为白色，在工具箱中选择 横排文字工具，在画面中单击并输入文字 "美好家园"，输入好文字后选择文字，再在【字符】面板中设置【字体】为华文行楷，【字体大小】为 150 点，在选项栏中单击 （提交所有当前编辑）按钮确认文字输入，结果如图 7-70 所示。

图 7-69　打开的图片

图 7-70　输入文字后的效果

3 显示【图层】面板，即可看到在其中已经生成了一个文字图层，如图 7-71 所示，在菜单中执行【图层】→【栅格化】→【文字】命令，即可将文字图层转换为普通图层，如图 7-72 所示。

图 7-71　【图层】面板

图 7-72　【图层】面板

4 在菜单中执行【滤镜】→【滤镜库】命令，在弹出的对话框中选择【素描】→【半调图案】命令，在其中设置【图案类型】为网点，【大小】为 1，【对比度】为 5，单击【确定】按钮，即可得到如图 7-74 所示的效果。

图 7-73　【半调图案】对话框

图 7-74　执行【半调图案】命令后的效果

　　5　在菜单中执行【滤镜】→【风格化】→【浮雕效果】命令，弹出如图 7-75 所示的对话框，在其中设置【角度】为 135 度，【高度】为 12 像素，【数量】为 223%，单击【确定】按钮，即可得到如图 7-76 所示的效果。

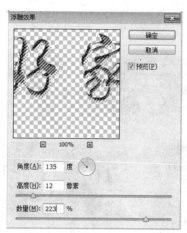

图 7-75　【浮雕效果】对话框

图 7-76　执行【浮雕效果】命令后的效果

　　6　在菜单中执行【编辑】→【描边】命令，弹出【描边】对话框，在其中设置【颜色】为#ff5300，【宽度】为 2 像素，【位置】为居外，其他不变，如图 7-77 所示，单击【确定】按钮，得到如图 7-78 所示的效果。

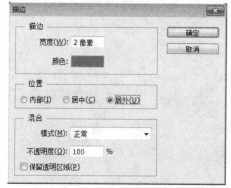

图 7-77　【描边】对话框

图 7-78　【描边】后的效果

7.3　思考与练习

一、填空题

1. 创建文字图层后，可以编辑文字并对其应用图层命令。可以更改文字_____、应用消除锯齿、在_____与_____之间转换、基于文字创建工作路径或将文字转换为形状。

2. 对于包含矢量数据（如_____、_____和_____）和生成的数据（如填充图层）的图层，不能使用绘画工具或滤镜。

二、小试牛刀——制作彩色投影字

图 7-79　彩色投影字

制作流程图

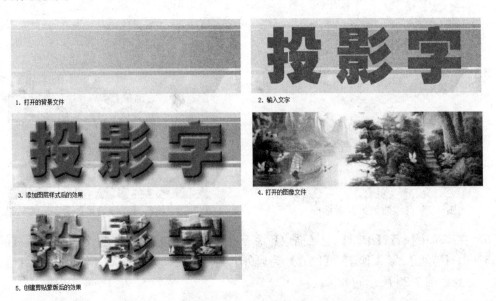

图 7-80　制作流程图

第 8 章　路径和形状工具的使用

8.1　一学就会——绘制卡通画人物

先使用钢笔工具、椭圆工具与矩形工具绘制出卡通画人物的结构线，再使用路径选择工具、创建新图层、用前景色填充路径、画笔工具、用画笔描边路径、将路径作为选区载入、渐变工具、多边形套索工具、吸管工具等工具与命令为卡通画人物添加色彩。实例效果如图 8-1 所示。

图 8-1　实例效果图

操作步骤

1　按"Ctrl"+"N"键新建一个大小为 370×550 像素，【分辨率】为 150 像素/英寸，【颜色模式】为 RGB 颜色，【背景内容】为白色的文件。

2　在工具箱中选择 ✎ 钢笔工具，在选项栏中设置参数为 ![选项栏]，显示【路径】面板，在其中单击 ▣（创建新路径）按钮，新建路径 1，如图 8-2 所示，然后在画面中绘制出卡通画人物的头部轮廓，如图 8-3 所示。

3　使用钢笔工具在头部绘制出表示头发的轮廓，绘制好后的结果如图 8-4 所示。

图 8-2　【路径】面板

图 8-3　用钢笔工具绘制表示头部的路径

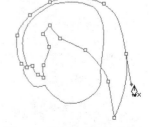

图 8-4　绘制表示头发的路径

4 按 "Ctrl" + "+" 键将画面放大，使用钢笔工具在人物的脸部绘制出眉毛、鼻子、嘴等轮廓路径，结果如图 8-5 所示，然后绘制出扎起来的头发与扎带，结果如图 8-6 所示。

5 在工具箱中选择 🔵 椭圆工具，在脸部绘制出眼睛的轮廓路径，如图 8-7 所示。

图 8-5　绘制路径　　　　图 8-6　绘制路径　　　　图 8-7　用椭圆工具绘制路径

6 按 "Ctrl" + "-" 键将画面缩小，然后使用钢笔工具绘制出身子、手、腿与滑板等轮廓路径，结果如图 8-8 所示。

7 在工具箱中选择 ▪️ 矩形工具，在画面中绘制出滑板扶手的轮廓路径，如图 8-9 所示。

8 按 "Ctrl" + "+" 键放大画面，在工具箱中选择钢笔工具，再在画面中绘制出滑板与鞋子的其他结构路径，如图 8-10 所示。

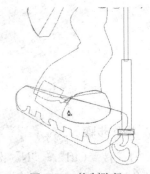

图 8-8　用钢笔工具绘制路径　　　图 8-9　用矩形工具绘制路径　　　图 8-10　绘制路径

9 使用钢笔工具在画面中绘制出一条路径，如图 8-11 所示，按 "Ctrl" 键在画面的空白处单击，完成这条路径的绘制，以绘制出一条开放式路径，结果如图 8-12 所示。

10 使用步骤 9 同样的方法绘制出多条开放式路径，绘制好后的结果如图 8-13 所示。

图 8-11　绘制路径　　　　图 8-12　取消路径的选择　　　　图 8-13　绘制多条开放式路径

11 用钢笔工具在头部绘制出头发的结构,如图 8-14 所示,然后按"Ctrl"+"-"键缩小画面,整体结构就绘制完成了,结果如图 8-15 所示。

12 显示【图层】面板,在其中单击■(创建新图层)按钮,新建图层 1,如图 8-16 所示,接着在工具箱中选择■路径选择工具,然后按"Shift"键在画面中单击要填充相同颜色的路径,如图 8-17 所示。

图 8-14　绘制路径

图 8-15　绘制好的路径

图 8-16　创建新图层

图 8-17　选择路径

13 设置前景色为 R255、G240、B236,显示【路径】面板,在其中单击●(用前景色填充路径)按钮,给选择的路径进行颜色填充,填充颜色后的效果如图 8-18 所示。

14 设置前景色为黑色,在工具箱中选择■画笔工具,在选项栏中单击■按钮,显示【画笔】面板,在其中选择硬边圆画笔,再设置【大小】为 2 像素,【间距】为 12%,【角度】为 45 度,【圆度】为 15%,其他不变,如图 8-19 所示,然后在【路径】面板中单击○(用画笔描边路径)按钮,给路径描边,描边后的效果如图 8-20 所示。

图 8-18　用前景色填充路径

图 8-19　【画笔】面板

图 8-20　用画笔描边路径

15 先在空白处单击取消选择，再按"Shift"键单击表示头发外轮廓的路径，以选择它们，如图 8-21 所示，接着设置前景色为 R250、G241、B86，再在【路径】面板单击 ● （用前景色填充路径）按钮，给选择的路径进行颜色填充，填充颜色后的效果如图 8-22 所示。

16 设置前景色为黑色，在工具箱中选择 ✐ 画笔工具，在【路径】面板中单击 ○ （用画笔描边路径）按钮，给路径描边，描边后的效果如图 8-23 所示。

图 8-21　选择路径

图 8-22　填充路径

图 8-23　用画笔描边路径

17 显示【图层】面板，在其中先激活背景图层，如图 8-24 所示，再单击 ▣ （创建新图层）按钮，新建图层 2，如图 8-25 所示。

18 设置前景色为 R199、G24、B6，使用 ▶ 路径选择工具，在画面中选择要填充颜色的路径，再在【路径】面板中单击 ● （用前景色填充路径）按钮，用前景色填充路径区域，如图 8-26 所示。设置前景色为黑色与选择画笔工具，在【路径】面板中单击 ○ （用画笔描边路径）按钮，得到如图 8-27 所示的效果。

图 8-24　选择背景层

图 8-25　创建新图层

图 8-26　用前景色填充路径

19 设置前景色为 R19、G11、B126，使用路径选择工具在画面中选择要填充颜色的路径，再在【路径】面板中单击 ● （用前景色填充路径）按钮。设置前景色为黑色与选择画笔工具，在【路径】面板中单击 ○ （用画笔描边路径）按钮，得到如图 8-28 所示的效果。

20 使用路径选择工具在空白处单击取消路径的选择，再按"Shift"键在画面中要组合的路径，如图 8-29 所示，在选项栏中单击 ▣ 按钮，在弹出的菜单中选择【合并形状组件】命令，如图 8-30 所示，弹出一个警告对话框，如图 8-31 所示，单击【是】按钮，将选择的路径组合，然后设置前景色为 R86、G196、B38，使用路径选择工具，在画面中选择要填充颜色的路径，在【路径】面板中单击 （用前景色填充路径）按钮设置前景色为黑色与选择画笔工具，在【路径】面板中单击 ⊙（用画笔描边路径）按钮，给路径描边，得到如图 8-32 所示的效果。

图 8-27　用画笔描边路径

图 8-28　填充与描边路径

图 8-29　选择路径

图 8-30　选择【合并形状组件】命令

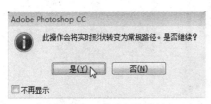

图 8-31　警告对话框

图 8-32　填充与描边路径

21 显示【图层】面板，在其中先激活背景图层，再单击 ■（创建新图层）按钮，新建图层 3，如图 8-33 所示。设置前景色为 R27、G79、B4，使用路径选择工具在画面中选择要填充颜色的路径，在【路径】面板中单击 ⊙（用前景色填充路径）按钮，然后设置前景色为黑色与选择画笔工具，在【路径】面板中单击 ⊙（用画笔描边路径）按钮，得到如图 8-34 所示的效果。

22 设置前景色为 R206、G36、B180，使用路径选择工具在画面中选择要填充颜色的路径，在【路径】面板中单击 ⊙（用前景色填充路径）按钮。设置前景色为黑色与选择画笔工具，在【路径】面板中单击 ⊙（用画笔描边路径）按钮，得到如图 8-35 所示的效果。

图 8-33　创建新图层　　　　图 8-34　填充与描边路径　　　　图 8-35　填充与描边路径

23 设置前景色为黑色，使用路径选择工具在画面中选择要填充颜色的路径，在【路径】面板中单击█（用前景色填充路径）按钮，给路径区域进行颜色填充，得到如图 8-36 所示的效果。

24 用路径选择工具在画面中选择要描边的路径，在【路径】面板中单击█（将路径作为选区载入）按钮，将路径载入选区，然后选择画笔工具，在【路径】面板中单击█（用画笔描边路径）按钮，给路径描边，得到如图 8-37 所示的效果。

25 在工具箱中选择█渐变工具，在选项栏中单击█████按钮，弹出【渐变编辑器】对话框，再在其中选择"橙色、黄色、橙色"渐变，再将其中左边的色标删除，然后将中间的色标移至左边，如图 8-38 所示。

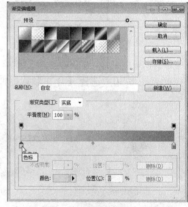

图 8-36　填充路径　　　　　图 8-37　描边路径　　　　图 8-38　【渐变编辑器】对话框

26 显示【图层】面板，并在其中先激活图层 2，再单击█（创建新图层）按钮，新建图层 4，如图 8-39 所示。使用渐变工具，在选项栏中选择█（径向渐变）按钮，在画面中选区内拖动鼠标，给选区进行渐变填充，填充渐变颜色后的效果如图 8-40 所示。

27 设置前景色为黑色，使用路径选择工具在画面中选择要填充颜色的路径，在【路径】面板中单击█（用前景色填充路径）按钮，得到如图 8-41 所示的效果。

28 显示【图层】面板，在其中先激活图层 1，再单击█（创建

图 8-39　创建新图层

新图层）按钮，新建图层 5，如图 8-42 所示。使用前面同样的方法对相应的对象进行颜色填充，填充颜色后的效果如图 8-43 所示。

图 8-40　填充渐变颜色　　　　图 8-41　用前景色填充路径　　　　图 8-42　创建新图层

29 使用路径选择工具在画面中选择要描边的路径，在【路径】面板中单击 （用画笔描边路径）按钮，给路径描边，单击 （将路径作为选区载入）按钮，将路径载入选区，如图 8-44 所示，然后在【路径】面板的灰色区域单击，隐藏路径显示，再在键盘上按 "Delete" 键删除选区内容，得到如图 8-45 所示的效果。

图 8-43　填充与描边路径　　　　图 8-44　将路径作为选区载入　　　　图 8-45　隐藏路径并删除选区内容

30 在工具箱中选择 多边形套索工具，在画面中勾选出不需要的部分，如图 8-46 所示，再在键盘上按 "Delete" 键删除选区内容，然后按 "Ctrl" + "D" 键取消选择，得到如图 8-47 所示的效果。

31 使用多边形套索工具在画面中勾选出不需要的部分，同样在键盘上按 "Delete" 键删除选区内容，结果如图 8-48 所示。

32 使用前面的方法先选择表示头发的路径，再给它们进行颜色填充，填充颜色后的效果如图 8-49 所示。

33 使用路径选择工具先在画面中选择要描边的路径，再选择 画笔工具，设置前景色

为白色，然后在【路径】面板中单击 （用画笔描边路径）按钮，给选择的路径描边，结果如图 8-50 所示。

图 8-46　创建选区　　　　图 8-47　删除选区内容　　　　图 8-48　创建选区后删除选区内容

34 在工具箱中选择 吸管工具，在画面中吸取所需的颜色，如图 8-51 所示，再选择画笔工具，在【路径】面板中单击 （用画笔描边路径）按钮，给选择的路径描边，结果如图 8-52 所示。

图 8-49　填充路径　　　图 8-50　描边路径　　　图 8-51　吸取颜色　　　图 8-52　描边路径

35 在【路径】面板中单击 （创建新路径）按钮，新建路径 2，如图 8-53 所示，然后使用钢笔工具在画面中头发上绘制出卡通画人物的细部轮廓，如图 8-54 所示。

36 设置前景色为黑色，再选择画笔工具，然后在【路径】面板中单击 （用画笔描边路径）按钮，给选择的路径描边，结果如图 8-55 所示。

图 8-53　创建新路径　　　图 8-54　用钢笔工具绘制路径　　　图 8-55　描边路径

37 在【路径】面板的灰色区域单击，隐藏路径显示，按 "Ctrl" + "-" 键缩小画面，得到如图 8-56 所示的效果。卡通画人物就绘制好了。

图 8-56　最终效果图

8.2　知识延伸

8.2.1　路径基础

1. 关于形状与路径

（1）矢量图形

它是使用形状或钢笔工具绘制的直线和曲线。矢量形状与分辨率无关，因此，它们在调整大小、打印到 PostScript 打印机、存储为 PDF 文件或导入到基于矢量的图形应用程序时，会保持清晰的边缘。

（2）路径

它是可以转换为选区或者使用颜色填充和描边的轮廓。形状的轮廓是路径。通过编辑路径的锚点，用户可以很方便地改变路径的形状。

路径是由一个或多个直线段或曲线段组成。锚点是指标记路径段的端点。在曲线段上，每个选中的锚点显示一条或两条方向线，方向线以方向点结束，如图 8-57 所示。方向线（也称控制杆）和方向点（也称控制点）的位置决定曲线段的长度和形状。移动这些图素将改变路径中曲线的形状。

图 8-57　编辑路径的锚点

路径可以是闭合的，没有起点或终点，如图 8-58 所示，也可以是开放的，有明显的终点和起点，如图 8-59 所示。

路径不必是由一系列线段连接起来的一个整体。它可以包含多个彼此完全不同而且相互独立的路径组件，如图 8-60 所示。形状图层中的每个形状都是一个路径组件。

图 8-58　绘制路径

图 8-59　绘制路径

图 8-60　绘制路径

　　在 Photoshop 中使用绘图工具（如 钢笔工具、 自由钢笔工具、 矩形工具、 圆角矩形工具、 椭圆工具、 多边形工具、 直线工具与 自定形状工具）时，可以使用形状、路径或像素 3 种不同的模式进行绘制。在选定绘图工具时，可以通过在如图 8-61 所示的选项栏中选择所需模式来绘图。

图 8-61　选择所需模式来绘图

（1）形状：在单独的图层中创建形状。可以使用绘图工具来创建形状图层。形状图层非常适于为 Web 页创建图形，是因为它可以方便地移动、对齐、分布形状图层以及调整其大小。在 Photoshop 中，可以选择在图层中绘制多个形状。形状轮廓是路径，它出现在【路径】面板中。

（2）路径：在当前图层中绘制一个工作路径，可随后使用它来创建选区、创建矢量蒙版，或者使用颜色填充和描边以创建栅格图形（与使用绘画工具非常类似）。工作路径是一个临时路径，可以将其存储。路径出现在【路径】面板中。

（3）像素：直接在图层中绘制，与绘画工具的功能非常类似。在此模式下工作时，不会创建矢量图形。就像处理任何栅格化图像一样来处理绘制的形状。在此模式下不能使用钢笔工具。

2. 关于工作路径

工作路径是出现在【路径】面板中的临时路径，用于定义形状的轮廓。可以用以下几种方式使用路径：

（1）可以使用路径作为矢量蒙版来隐藏图层区域。

（2）将路径转换为选区。

（3）使用颜色填充或描边路径。

（4）将图像导出到页面排版或矢量编辑程序时，将已存储的路径指定为剪贴路径以使图像的一部分变得透明。

8.2.2　钢笔工具

利用钢笔工具可以创建或编辑直线、曲线或自由的线条、路径及形状图层。钢笔工具可以创建出比自由钢笔工具更为精确的直线和平滑流畅的曲线。对于大多数用户，钢笔工具为绘图提供了最佳控制和最高的准确度。用户还可以组合使用钢笔工具和形状工具以创建复杂的形状。

在工具箱中选择🖋钢笔工具，并在选项栏中选择形状，选项栏中便会显示它的相关选项，如图 8-62 所示。

图 8-62　钢笔工具选项栏

钢笔工具选项栏中的选项说明如下：

- **形状** ‡（选择工具模式）：在工具模式列表中可以选择形状、路径与像素，选择形状，就可以利用钢笔工具或其他的绘图工具创建形状图层，选择路径就可以利用钢笔工具或其他的绘图工具来绘制路径。
- **填充：**▢：单击填充后的颜色块会弹出一个面板，如图 8-63 所示，可以直接在最近使用的颜色表中选择所需的填充颜色，也可以在上方单击▨（无颜色）按钮、■（纯色）按钮、■（渐变）按钮、▨（图案）按钮或■（拾色器）按钮来选择所需的颜色、图案与渐变颜色等，如图 8-64 所示。
- ▨（无颜色）按钮：单击【无颜色】按钮，可以将形状设置为无颜色。
- ■（纯色）按钮：单击【纯色】按钮，可以为形状设置所需的纯色，如白色、黑色、红色、黄色、绿色、草绿色等各种颜色。

图 8-63　选择填充颜色

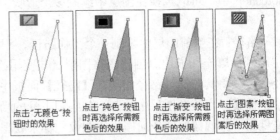

图 8-64　选择不同的填充方式

> ➤ ▨（渐变）按钮：单击【渐变】按钮，可以为形状设置所需的渐变颜色。
> ➤ ▨（图案）按钮：单击【图案】按钮，可以为形状设置所需的图案。
> ➤ ▨（拾色器）按钮：单击【拾色器】按钮，可以为形状设置所需的颜色。

- ▨（描边）选项：单击【描边】后的颜色块会弹出一个面板，如图 8-65 所示，可以直接在最近使用的颜色表中选择所需的描边颜色，也可以在上方单击▨（无颜色）按钮、▨（纯色）按钮、▨（渐变）按钮、▨（图案）按钮或▨（拾色器）按钮来选择所需的颜色、图案与渐变颜色等。

- ▨（设置形状描边宽度）选项：在【设置形状描边宽度】选项文本框中可以输入 0 点～288 点之间的数值或拖动滑杆上的滑块来设置描边的粗细。

- ▨（设置形状描边类型）按钮：单击【设置形状描边类型】按钮，弹出【描边选项】面板，可以在其中选择所需的描边类型，如图 8-66 所示。

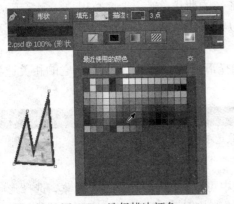

图 8-65　选择描边颜色

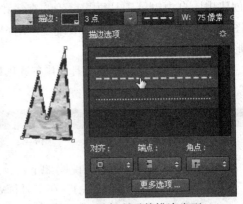

图 8-66　选择所需的描边类型

- ▨（设置形状宽度与形状高度）选项：在【W】文本框中可以设置所选形状的宽度，在【H】文本框中可以设置所选形状的高度。

- ▨（路径操作）按钮：单击【路径操作】按钮，在弹出的菜单中选择所需的操作方法，如合并形状，然后在画面中绘制路径，其绘制的结果便可按选择的操作方式结合，如图 8-67 所示。

- ▨（新建图层）按钮：选择该按钮可以绘制形状的同时创建新的形状图层。

- ▨（合并形状）按钮：选择它可将新形状区域添加到形状区域。

- □（减去顶层形状）按钮：选择它可从形状区域中减去重叠形状。
  - ➤ □（与形状区域相交）按钮：将路径限制为新区域和现有区域的交叉区域。
  - ➤ □（排除重叠形状）按钮：从合并路径中排除重叠区域。
  - ➤ □（合并形状组件）按钮：可以将画面中的多个路径合并成一个路径组件，以便于一起选择与移动
- □（路径对齐方式）按钮：在画面中选择要对齐的路径，再单击【路径对齐方式】按钮，在弹出菜单中选择所需的对齐方式，如左边，即可将选择的路径按指定的方式进行对齐，如图 8-68 所示。

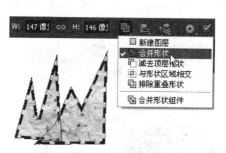

图 8-67　选择路径操作方式

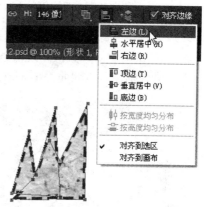

图 8-68　选择路径对齐方式

- □（路径排列方式）按钮：在画面中有多个路径时，可以选择要改变位置的路径，然后单击【路径排列方式】按钮，在弹出的菜单中选择所需的命令，如图 8-69 所示。
- □（几何选项）按钮：单击【几何选项】按钮，可以在弹出的面板中选择当前工具的选项。如当前工具是钢笔工具时单击【几何选项】按钮，在弹出【几何选项】面板中可以勾选【橡皮带】选项和取消勾选，勾选它后在图像上移动指针时，会自动显示一条橡皮带的线，但它只有在单击后才能确定此线段，如图 8-70 所示。

图 8-69　选择路径排列方式

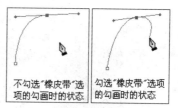

图 8-70　勾选【橡皮带】和取消勾选的效果对比

- ☑ 自动添加/删除：选择【自动添加/删除】选项，可以在绘制路径时自动添加/删除锚点。勾选它时当指针指向路径段上时钢笔的右下角带上一个"+"号，如果单击可添加锚点，如图 8-71 所示；指向锚点时钢笔的右下角带上一个"-"号，如果单击可删除锚点，如图 8-72 所示。不勾选它则只能绘制路径，不能添加或删除锚点。

图 8-71　自动添加锚点

图 8-72　自动删除锚点

8.2.3 自由钢笔工具

在工具箱中选择 ✐ 自由钢笔工具，并在选项栏选择路径，其选项栏如图 8-73 所示，如果需要设置该工具的几何选项则需单击【几何选项】按钮，然后在弹出的如图 8-74 所示的【几何选项】面板中选择所需的选项。

图 8-73　自由钢笔工具选项栏　　　　　图 8-74　【几何选项】面板

- 曲线拟合：控制最终路径对鼠标或光笔移动的灵敏度，可以在其文本框中输入 0.5 像素～10 像素之间的数值；此值越高，创建的路径锚点越少，路径越简单。如图 8-75 所示为分别设置不同曲线拟合值的效果对比。

图 8-75　设置不同曲线拟合值的效果对比

- 磁性的：勾选此选项后自由钢笔工具也就变为磁性钢笔工具，指针也随之变为 ✎ ，并且其下的几个选项也成为活动可用显示。
  - ➢ 宽度：磁性钢笔只检测距指针指定距离内的边缘，其中可输入 1～256 之间的数值，如图 8-76 所示为设置不同宽度值的对比图。

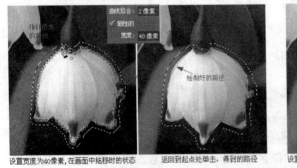 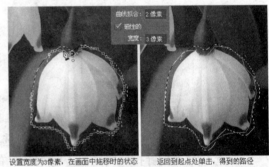

图 8-76　设置不同宽度值的对比图

  - ➢ 对比：控制磁性钢笔的灵敏度，其中可输入 1%～100%之间的数值。
  - ➢ 频率：控制生成路径时的锚点生成频率，其中可输入 0～100 之间的数值，如图 8-77 所示为设置不同频度值的对比图。
  - ➢ 钢笔压力：如果使用的是光笔绘图板，可以勾选或取消勾选【钢笔压力】选项。当选择该选项时，钢笔压力的增加将导致宽度减小。

图 8-77　设置不同频度值的对比图

8.2.4　矩形工具

使用矩形工具可以在画面中绘制各种大小的矩形或正方形；使用矩形工具可以绘制矩形或正方形路径；也可以使用矩形工具在画面中绘制不可再次编辑的像素矩形或正方形。

在工具箱中选择■矩形工具，并在选项栏中选择像素，其选项栏中就会显示它的相关选项，如图 8-78 所示，就可以在画面中绘制像素图形（也称为：栅格化形状）。用户不能像处理矢量对象那样来编辑像素图形。像素图形是使用当前的前景色创建的。

图 8-78　矩形工具选项栏

矩形工具选项栏中各选项说明如下：

- 模式：控制形状如何影响图像中的现有像素。
- 不透明度：决定形状遮蔽或显示其下面像素的程度。【不透明度】为 1%的形状几乎是透明的，而【不透明度】为 100%的形状则完全不透明。
- 消除锯齿：混合边缘像素和周围像素。

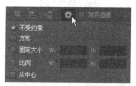

在选项栏中单击█按钮，弹出【几何选项】面板，如图 8-79 所示，可以在其中选择所需的选项。

- 不受约束：此选项为默认值，选择该项时可以随意拖动鼠标，以创建任意大小或长宽比的矩形，如图 8-80 所示。

图 8-79　【几何选项】面板

图 8-80　绘制矩形

- 方形：选择该选项，不论如何拖动鼠标，都将绘制出正方形，大小根据拖动时的幅度而定，如图 8-81 所示。

图 8-81　绘制矩形

- 固定大小：选择该选项，可以在【W】和【H】文本框中输入所需的数值，在图像上单击即可得到固定数值的矩形。
- 比例：选择该选项，可以在【W】和【H】文本框中输入所需的数值来设置所要绘制矩形的长宽比，如图 8-82 所示是用矩形工具并设置比例为 2∶1 在相框内绘制的矩形。
- 从中心：勾选该选项，可以从图形的中心向外绘制图形，如图 8-83 所示。

图 8-82　用"比例"绘制矩形

图 8-83　用"从中心"绘制矩形

8.2.5　椭圆工具

使用椭圆工具可以在画面中绘制各种大小的椭圆或圆形。使用椭圆工具可以绘制椭圆形或圆形路径，也可以使用椭圆工具在画面中绘制不可再次编辑的像素椭圆形或圆形。

上机实战　椭圆工具的使用

1　按"Ctrl"+"O"键从配套光盘的素材库打开一个文件，如图 8-84 所示，在工具箱中选择◎椭圆工具，并在选项栏中选择形状，在【描边】弹出式面板中选择绿色，【粗细】为 3 点，其他为默认值，如图 8-85 所示。

图 8-84　打开的文件

图 8-85　椭圆工具选项栏

2 在画面中按下左键从一点向另一点拖移，拖出一个椭圆框，如图 8-86 所示，松开左键后即可得到一个描边了的椭圆框，如图 8-87 所示。

图 8-86 绘制椭圆

图 8-87 绘制椭圆

8.2.6 圆角矩形工具

使用圆角矩形工具可以绘制圆角矩形。如果在选项栏中选择形状，则绘制圆角矩形形状；如果选择路径，而绘制圆角矩形路径；如果选择像素，则绘制像素圆角矩形。

上机实战 圆角矩形工具的使用

1 在工具箱中选择 圆角矩形工具，并在选项栏中选择形状，设置操作方式为排除重叠形状，其他不变，如图 8-88 所示。

图 8-88 圆角矩形工具选项栏

2 移动指针到画面中按下左键进行拖移，以拖出一个圆角矩形，如图 8-89 所示。

3 在选项栏的【填充】弹出式面板中选择所需的图案，即可将绘制的形状填充为所选的图案，结果如图 8-90 所示。

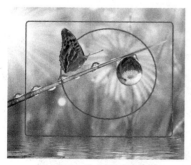
图 8-89 绘制圆角矩形

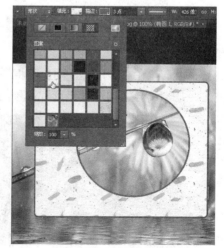
图 8-90 填充图案后的效果

8.2.7 多边形工具

使用多边形工具可以绘制多边形。如果在选项栏中选择形状，则绘制多边形形状；如果选择路径，而绘制多边形路径；如果选择像素，则绘制像素多边形。

上机实战　多边形工具的使用

1　在工具箱中选择○多边形工具，并在选项栏中设置【边】为 6。

2　显示【几何选项】面板，在其中选择【星形】选项，其他不变，如图 8-91 所示，然后在画面中绘制一个星形，结果如图 8-92 所示。

图 8-91　多边形工具选项栏　　　　　　　　图 8-92　绘制星形

多边形工具选项栏中各选项说明如下：

- 半径：在【多边形选项】面板的【半径】文本框中可以输入外接圆的半径值，也就是中心点到外部点之间的距离。如图 8-93 所示的多边形外接圆半径分别为 80 像素和 150 像素。

- 平滑拐角：在【多边形选项】面板中勾选该选项，可以绘出的多边形拐角平滑。如图 8-94 所示。

图 8-93　绘制星形　　　　　　　　　　图 8-94　绘制星形

➢ 星形：在【多边形选项】面板中勾选此选项，可以绘出星形图形。如图 8-95 所示是勾选与不勾选【星形】选项的效果对比图。

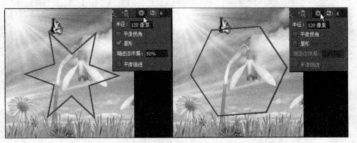

图 8-95　勾选与不勾选【星形】选项的效果对比图

> ➢ 缩进边依据：指定星形半径将被占据的部分。其中可以输入 1%～99%之间的数值。如果输入 50%将占据一半，如果输入 90%将占据 90%，如图 8-96 所示。
> ➢ 平滑缩进：在【多边形选项】面板中勾选【星形】选项后，该选项才成为活动显示，勾选【平滑缩进】选项可以将多边形的边平滑地向中心缩进。如图 8-97 所示为勾选与不勾选【平滑缩进】选项的效果对比。

図 8-96　绘制星形　　　　　　图 8-97　勾选与不勾选【平滑缩进】选项的效果对比

8.2.8　直线工具

使用直线工具可以绘制各种类型的直线、箭头与虚线。

上机实战　使用直线工具绘制箭头

1　在工具箱中选择 ✒ 直线工具，并在选项栏中选择像素与设置【粗细】为 5 像素。

2　在【几何选项】面板中选择【起点】选项，其他为默认值，如图 8-98 所示，然后在画面中一点向另一点拖动，可以绘制出一个箭头，如图 8-99 所示。

图 8-98　直线工具选项栏

图 8-99　绘制箭头

直线工具选项栏中各选项说明如下：

- 起点/终点：设置箭头的方向，既可以选择其中的一项，也可以同时勾选。
- 宽度：设置箭头宽度和线段宽度的比值，其文本框中可输入 10%～1000%之间的数值。如图 8-100 为设置不同宽度的效果。
  - ➢ 长度：设置箭头长度和线段宽度的比值，其文本框中可输入 10%～5000%之间的数值。如图 8-101 所示为设置不同长度的效果。
  - ➢ 凹度：设置箭头中央凹陷的程度，其文本框中可输入-50%～50%之间的数值，如图 8-102 所示为设置不同凹度的效果。

图 8-100　绘制箭头　　　　图 8-101　绘制箭头　　　　图 8-102　绘制箭头

8.2.9　自定形状工具

使用自定形状工具可以绘制各种预设的形状以及自定的形状。

上机实战　使用自定形状工具绘制形状

1　在工具箱中选择■自定形状工具，并在选项栏中选择形状。

2　在【填充】弹出式面板中选择所需的图案，设置【描边】为无，在【形状】弹出式面板中选择所需的形状，其他不变，如图 8-103 所示，然后在画面中按下左键从一点向另一点拖动，即可绘制出选择的形状，如图 8-104 所示。

图 8-103　自定形状工具选项栏　　　　图 8-104　绘制选择的形状

8.2.10　路径的调整

可以使用添加锚点工具、删除锚点工具、转换点工具、路径选择工具、直接选择工具调整路径。

1. 添加锚点工具

添加锚点工具■用于在路径的线段内部添加锚点，在工具箱中选取■添加锚点工具或路径类中的钢笔工具或自由钢笔工具时，只要把鼠标移到线段上非端点处，鼠标指针就会变成■形状，然后单击就添加了一个新的锚点，从而把一条线段一分为二。

2. 删除锚点工具

删除锚点工具■用于删除一个不需要的锚点，在工具箱中选取■删除锚点工具或路径类中的钢笔工具或自由钢笔工具时,只要把鼠标移到线段上某个锚点时,鼠标指针就会变成✎形状,然后单击就删除了该锚点,如果该锚点为中间锚点,原来与它相邻的两个锚点将连接成一条新的线段。

3. 转换点工具

转换点工具▷可用于平滑点与角点之间的转换,从而实现平滑曲线与锐角曲线或直线段之间的转换。

上机实战 使用转换点工具调整路径

1 在工具箱中选择✎钢笔工具,再在画面上绘制出一个平行四边形,按住"Ctrl"键用鼠标单击该路径以选择它,如图 8-105 所示。

2 在工具箱中选择▷转换点工具,在需要转换为平滑点的锚点上按下鼠标左键并向锚点的一侧拖动,如图 8-106 所示。

3 调整到所需的形状时即可松开鼠标左键,从而得到如图 8-107 所示图形。

图 8-105　选择锚点　　　　　图 8-106　调整路径　　　　　图 8-107　调整好的路径

4. 路径选择工具

利用路径选择工具可以选择一个或几个路径并对其进行移动、组合、对齐、分布和变换。在工具箱中选择▷路径选择工具,在图像中框选多个路径时的选项栏如图 8-108 所示。

填充:▢ 描边:◢ ▢ ▾ W: ⊝ H: 🗍 🗗 ❖ 对齐边缘 约束路径拖动

图 8-108　路径选择工具选项栏

在路径的任何地方单击,即可选中指针所指的路径,如图 8-109 所示。如果要选择多个路径,则需要拖出一个选框来框选所要选择的路径,如图 8-110 所示,按住"Shift"键单击要选择的路径,同样可选择多个路径。

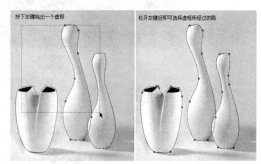

图 8-109　选择路径　　　　　　　　　图 8-110　选择路径

5. 直接选择工具

直接选择工具▷主要用于对现有路径的选取和调整。直接选择工具主要通过对锚点、方向点或路径段甚至整个路径的移动来改变路径的形状和位置，而且对路径的调整是与选取的内容和具体操作对象相关的。

上机实战　使用直接选择工具选取和调整路径

1　在画面上绘制一个五边形路径，然后在工具箱上单击 直接选择工具，在图像上按下鼠标左键拖动，使产生的选取方框包围要选取的锚点如图8-111 所示，释放鼠标左键后，被选中的锚点将变成实心方点。

2　按下"Shift"键，然后单击要选的锚点，可以逐个选取锚点或附加选取锚点。

3　按下"Alt"键，在鼠标指针变成为 形状后，单击路径上任何地方，就选取了整个连续的路径，可以按"Delete"键将整个路径删除，或将所选中的某个锚点连同所连接的路径一起删除成为开放式路径。

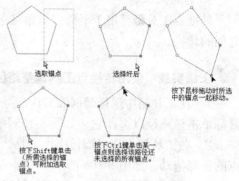

图 8-111　选择锚点或移动锚点

8.2.11　路径面板

在【路径】面板中列出了每条存储的路径、当前工作路径和当前矢量蒙版的名称和缩览图像。关闭缩览图可提高性能。要查看路径，必须先在【路径】面板中选择路径名。

（1）如果要显示【路径】面板，在菜单中执行【窗口】→【路径】命令，即可显示或隐藏【路径】面板，显示的【路径】面板如图 8-112 所示。

图 8-112　【路径】面板

（2）如果要选择路径，可以在【路径】面板中单击相应的路径名。一次只能选择一个路径，如图 8-113 所示。

（3）如果要取消路径的选择（即隐藏路径的显示），在【路径】面板中的空档区域单击或按"Shift"键单击选中的路径，即可隐藏路径的显示，如图 8-114 所示。

图 8-113 选择路径

图 8-114 隐藏路径的显示

（4）如果要更改路径缩览图的大小，在【路径】面板的弹出式菜单中选择【面板选项】命令，如图 8-115 所示，然后在弹出的对话框中选择所需大小，如图 8-116 所示，单击【确定】按钮，即可将缩览图改为所需的大小，如图 8-117 所示。也可以选择【无】单选框来关闭缩览图的显示。

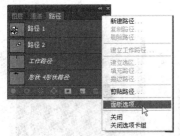

图 8-115 【路径】面板

图 8-116 路径面板选项

图 8-117 【路径】面板

（5）可以更改路径的堆叠顺序。只需先将缩览图改为小缩览图，在【路径】面板中选择要移动的路径，然后向上（或向下）拖移该路径。当所需位置上出现黑色的实线时，释放鼠标左键，即可将该路径移动到所需的位置，如图 8-118 所示。

图 8-118 【路径】面板

 提示

不能更改【路径】面板中矢量蒙版或工作路径的顺序。

8.2.12 创建栅格化形状

可以通过建立选区并用前景色填充它来创建栅格化形状，也可以使用形状工具，并在其选项栏中选择像素来创建栅格化形状。不能像处理矢量对象那样来编辑栅格化形状。栅格形状是使用当前的前景色创建的。

在工具箱中选择■矩形工具，在选项栏中选择像素时，其选项栏的显示如图 8-119 所示。

图 8-119 形状工具选项栏

形状工具选项栏中的选项说明如下：

- 模式：控制形状如何影响图像中的现有像素。
- 不透明度：决定形状遮蔽或显示其下面像素的程度。【不透明度】为 1% 的形状几乎是透明的，而【不透明度】为 100% 的形状则完全不透明。
- 消除锯齿：混合边缘像素和周围像素。

上机实战　使用形状工具绘制栅格化形状

1　在工具箱中先设置前景色为 R123、G42、B18，背景色为黑色，再按"Ctrl"＋"N"键弹出【新建】对话框，在其中设置【宽度】为 455 像素，【高度】为 450 像素，【分辨率】为 72 像素/英寸，【背景内容】为背景色，如图 8-120 所示，其他不变，单击【确定】按钮，即可新建一个背景为黑色的文件。

2　显示【图层】面板，在其中单击 （创建新图层）按钮，新建一个图层为图层 1，如图 8-121 所示，接着在工具箱中选择 自定形状工具，再在选项栏中选择像素，在【形状】弹出式面板中选择 形状，然后在画面中绘制出一个适当大小的矩形框，画面效果如图 8-122 所示。

图 8-120　【新建】对话框

图 8-121　【图层】面板

图 8-122　绘制矩形框

3　在【图层】面板中单击 （创建新图层）按钮，新建图层 2，将图层 2 拖到图层 1 的下面，如图 8-123 所示。

4　设置前景色为 R199、G182、B126，在工具箱中单击 矩形工具，再在画面中沿着方框绘制一个矩形，如图 8-124 所示。

5　设置前景色为白色，在【图层】面板中单击【创建新图层】按钮，新建图层 3，如图 8-125 所示。在工具箱中选择 自定形状工具，再在【形状】弹出式面板中选择 形状，然后在画面的适当位置绘制出该形状，绘制好后的画面效果如图 8-126 所示。

图 8-123　【图层】面板

图 8-124　绘制一个矩形

图 8-125　【图层】面板

图 8-126　绘制选择的形状

6　在工具箱中选择 移动工具，将绘制的图形移动到适当位置，如图 8-127 所示。

7　按 "Ctrl" 键在【图层】面板中单击图层 3 的缩览图，如图 8-128 所示，使图层 3 载入选区，画面效果如图 8-129 所示。

图 8-127　移动到适当位置　　　　图 8-128　【图层】面板　　　　图 8-129　使图层 3 载入选区

　提示

这样做的目的是为了将要复制的内容粘贴到一个图层内。

8　按 "Alt" + "Shift" 键将选区内容向下复制到适当位置，如图 8-130 所示。然后使用同样的方法复制多个图形，复制好一列后的效果如图 8-131 所示。

9　按住 "Ctrl" 键的同时在【图层】面板中单击图层 3 的缩览图，使图层 3 载入选区，接着按 "Alt" 键将选区内容向右拖动到适当位置，如图 8-132 所示，然后使用同样的方法再复制多组图形，复制好后并取消选择的效果如图 8-133 所示。

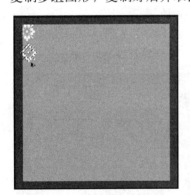

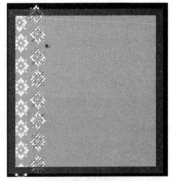

图 8-130　移动并复制图形　　　　图 8-131　移动并复制图形　　　　图 8-132　移动并复制图形

10　在【图层】面板中设置图层 3 的【不透明度】为 30%，如图 8-134 所示，以降低图层 3 中内容的不透明度，画面效果如图 8-135 所示。

11　在工具箱中选择 矩形选框工具，在画面中沿着方框绘制一个矩形选框，如图 8-136 所示，再在【图层】面板中单击 （添加图层蒙版）按钮，给图层 3 添加图层蒙版，如图 8-137 所示，添加蒙版后的效果如图 8-138 所示。

12　在【图层】面板中单击【创建新图层】按钮，新建图层 4，如图 8-139 所示。设置前景色为 R196、G74、B64，选择自定形状工具，在其选项栏的【形状】弹出式面板中选择 形状，然后在画面的适当位置绘制出该形状，绘制好后的效果如图 8-140 所示。

图 8-133　移动并复制图形

图 8-134　【图层】面板

图 8-135　降低不透明度后的效果

图 8-136　绘制一个矩形选框

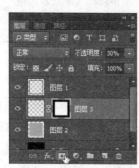

图 8-137　【图层】面板

图 8-138　添加蒙版后的效果

13 按"Ctrl"＋"T"键执行【自由变换】命令，再在选项栏的 ⌂ 45 度 中输入"45"并按回车键，将图形进行 45 度旋转，如图 8-141 所示，然后将其移动到适当位置后在变换框中双击确认变换，结果如图 8-142 所示。

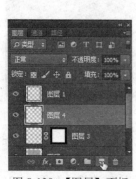

图 8-139　【图层】面板

图 8-140　绘制选择的形状

图 8-141　旋转图形

14 按"Alt"＋"Shift"键将图形向左拖动到适当位置，以复制一个副本，如图 8-143 所示；接着在菜单中执行【编辑】→【变换】→【水平翻转】命令，将图形进行水平翻转，得到如图 8-144 所示的效果。

15 按"Ctrl"＋"E"键将图层 4 拷贝向下合并为图层 4，如图 8-145、图 8-146 所示。

图 8-142 旋转图形

图 8-143 移动并复制图形

图 8-144 将图形进行水平翻转

16 按 "Alt" + "Shift" 键将图层 4 的内容垂直向下拖动到适当位置,以复制一个副本,如图 8-147 所示。在菜单中执行【编辑】→【变换】→【垂直翻转】命令,将副本内容进行垂直翻转,翻转后的效果如图 8-148 所示。

图 8-145 【图层】面板

图 8-146 【图层】面板

图 8-147 移动并复制图形

17 设置前景色为 R255、G0、B0,接着在选项栏中选择形状,再在【形状】弹出式面板中选择 形状 形状,在【样式】弹出式面板中选择 ▇ 样式,然后在画面的中间位置绘制出一个相框,如图 8-149 所示,同时【图层】面板中会自动生成一个形状图层,如图 8-150 所示。

图 8-148 将副本内容进行垂直
翻转

图 8-149 绘制出一个相框

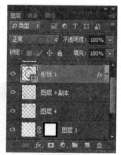
图 8-150 【图层】面板

18 按 "Ctrl" + "O" 键从光盘的素材库中打开一张所需的图片,如图 8-151 所示,在工具箱中选择移动工具,再将打开的图片拖动到画面中,并排放到适当位置,然后在【图层】面板中拖动生成的图层至形状 1 图层的下方,如图 8-152 所示,画面效果如图 8-153 所示。

图 8-151 打开的图片

图 8-152 【图层】面板

图 8-153 移动并复制图片

19 在工具箱中选择 椭圆选框工具，在画面中绘制出一个椭圆选框，如图 8-154 所示。

20 在【图层】面板中单击 （添加图层蒙版）按钮，给图层 5 添加图层蒙版，如图 8-155 所示，添加蒙版后的效果如图 8-156 所示。

图 8-154 绘制出一个椭圆选框

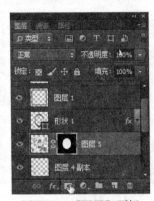

图 8-155 【图层】面板

图 8-156 添加蒙版后的效果

21 在【图层】面板中单击【创建新图层】按钮，新建图层 6，如图 8-157 所示。

22 设置前景色为 R146、G84、B50，在工具箱中选择 自定形状工具，在选项栏 常素 中选择像素，再在【形状】弹出式面板中选择 形状，然后在画面中绘制出该形状，如图 8-158 所示。

23 使用前面复制底纹的方法再复制 3 个星形，适当调整它们的位置，复制与排放好后的效果如图 8-159 所示。

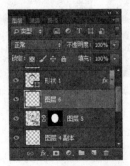

图 8-157 【图层】面板

图 8-158 绘制选择的形状

图 8-159 移动并复制星形

24 设置前景色为 R196、G74、B64，在选项栏的【形状】弹出式面板中选择 形状，接着在画面中适当位置分别绘制两个形状，绘制好后的效果如图 8-160 所示。

25 在【图层】面板中新建一个图层 7，如图 8-161 所示，再将其拖到最上面，如图 8-162 所示。

图 8-160　绘制选择的形状

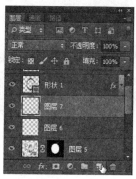

图 8-161　【图层】面板

图 8-162　【图层】面板

26 设置前景色为 R170、G140、B67，在选项栏的【形状】弹出式面板中选择 形状，沿着边缘绘制出该形状，绘制好后的效果如图 8-163 所示。

27 在【图层】面板中设置图层 7 的【不透明度】为 20%，如图 8-164 所示，以将图层 7 内容的不透明度降低，其画面效果如图 8-165 所示。作品就制作完成了。

图 8-163　绘制选择的形状

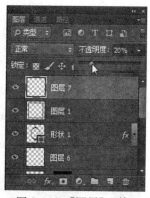

图 8-164　【图层】面板

图 8-165　降低不透明度后的效果

8.3　思考与练习

一、填空题

1. 利用钢笔工具可以创建或编辑_____、_____或_____、_____及形状图层。

2. 路径的调整主要用到添加锚点工具、_____、_____、_____与直接选择工具。

二、小试牛刀——制作变形艺术字

图 8-166　变形艺术字效果

制作流程图

1. 输入文字

2. 将文字转为工作路径

3. 用钢笔工具并结合快捷键调整路径形状

4. 将路径载入选区后用渐变工具对其进行渐变填充

5. 将背景填充为黑色后给渐变文字添加图层样式

6. 用画笔工具绘制闪光点

图 8-167　制作变形艺术字的流程图

第 9 章　图像的调整

9.1　一学就会——调整背光图像

先打开要处理的背光图像，再用阴影/高光、曝光度、色阶、曲线、减少杂色来调整阴影与高光区域，然后使用套索工具与色彩平衡命令调整脸部颜色，如图 9-1 所示为处理前的效果，如图 9-2 所示为处理后的效果。

图 9-1　处理前的效果

图 9-2　处理后的效果

✎ 操作步骤

1　按"Ctrl"＋"O"键从配套光盘的素材库中打开一张要处理的照片，如图 9-3 所示。

2　在菜单中执行【图像】→【调整】→【阴影/高光】命令，弹出【阴影/高光】对话框，在其中设置阴影的【数量】为 60%，以将阴影调亮；设置高光的【数量】为 9%，以将高光稍稍降低；设置【颜色校正】为+60，【中间调对比度】为+62，以加强图像的中间调对比度和对颜色进行校正，其他不变，如图 9-4 所示，设置好后单击【确定】按钮，即可得到如图9-5 所示的效果。

图 9-3　打开的照片

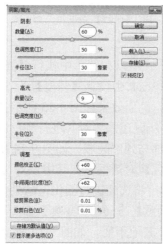

图 9-4　【阴影/高光】对话框

图 9-5　执行【阴影/高光】命令后的效果

3　在菜单中执行【图像】→【调整】→【曝光度】命令，弹出【曝光度】对话框，在其中设置【曝光度】为+0.07，【灰度系数】为 0.81，其他不变，如图 9-6 所示，设置好后单击【确定】按钮，即可得到如图 9-7 所示的效果。

4　在菜单中执行【图像】→【调整】→【色阶】命令或按"Ctrl"+"L"键，弹出【色阶】对话框，在其中设置【输入色阶】为 16、1.26、255，其他不变，如图 9-8 所示，设置好后单击【确定】按钮，以调整图像的阴影与中间调，进行色阶调整后的效果如图 9-9 所示。

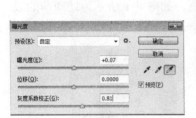

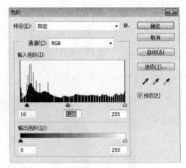

图 9-6　【曝光度】对话框　　　图 9-7　中执行【曝光度】命令　　图 9-8　【色阶】对话框
　　　　　　　　　　　　　　　　　　　　　后的效果

5　在菜单中执行【图像】→【调整】→【曲线】命令或按"Ctrl"+"M"键，弹出【曲线】对话框，在其中的直线上单击添加一点，再将该点向左上角拖动到适当位置，以整体调亮图像，如图 9-10 所示，调整好后单击【确定】按钮，即可得到如图 9-11 所示的效果。

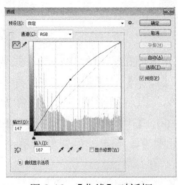

图 9-9　执行【色阶】命令后的　　　图 9-10　【曲线】对话框　　　图 9-11　执行【曲线】命令后的
　　　　　效果　　　　　　　　　　　　　　　　　　　　　　　　　　　效果

6　可以看到画面中还有一些杂色，所以在菜单中执行【滤镜】→【杂色】→【减少杂色】命令，弹出【减少杂色】对话框，在其中设置【强度】为 6，如图 9-12 所示，单击【确定】按钮，即可去除掉画面中的杂色，画面效果如图 9-13 所示。

7　由于脸部与颈部的颜色偏黄，所以还需要对其进行颜色调整。在工具箱中选择 套索工具，采用默认值在画面中勾选出脸部与颈部区域，如图 9-14 所示。再按"Shift"+"F6"键执行【羽化】命令，弹出【羽化选区】对话框，在其中设置【羽化半径】为 10 像素，如图 9-15 所示，单击【确定】按钮，即可将选区进行羽化，结果如图 9-16 所示。

8　在菜单中执行【图像】→【调整】→【色彩平衡】命令，弹出【色彩平衡】对话框，在其中设置【色阶】为+28、-5、+8，其他不变，如图 9-17 所示，设置好后单击【确定】按钮，按"Ctrl"+"D"键取消选择，即可得到如图 9-18 所示的效果，图像就调整好了。

图 9-12　【减少杂色】对话框

图 9-13　执行【减少杂色】命令后的效果

图 9-14　勾选出脸部与颈部区域

图 9-15　【羽化选区】对话框

图 9-16　将选区进行羽化

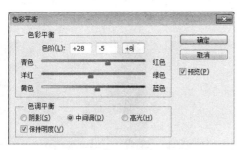

图 9-17　【色彩平衡】对话框

图 9-18　执行【色彩平衡】命令后的效果

9.2　知识延伸

9.2.1　图像色彩的调整

在 Photoshop 中可以使用色相/饱和度、色彩平衡、自然饱和度、照片滤镜、匹配颜色、替换颜色、可选颜色、通道混合器、黑白、去色、变化等命令改变图像的颜色。

1. 色相/饱和度

上机实战 将彩色相片改变为单色调相片

1 从光盘中打开一张要处理的图片，如图 9-19 所示。

2 设置前景色为 R227、G255、B178，再在菜单中执行【图像】→【调整】→【色相/饱和度】命令，弹出【色相/饱和度】对话框，在其中勾选【着色】复选框，如图 9-20 所示，其他不变，单击【确定】按钮，即可得到如图 9-21 所示的效果。

图 9-19 打开的图片

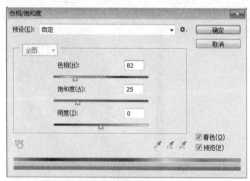

图 9-20 【色相/饱和度】对话框

图 9-21 执行【色相/饱和度】命令后的效果

上机实战 对灰度图像着色

1 从光盘中打开一张要处理的图片，如图 9-22 所示。

2 在菜单中执行【图像】→【调整】→【色相/饱和度】命令，弹出【色相/饱和度】对话框，在其中勾选【着色】复选框，再设置【色相】为 43，【饱和度】为 25，其他不变，如图 9-23 所示，单击【确定】按钮，即可得到如图 9-24 所示的效果。

图 9-22 打开的图片

图 9-23 【色相/饱和度】对话框

图 9-24 执行【色相/饱和度】命令后的效果

2. 自然饱和度

利用【自然饱和度】命令可以调整图像的颜色饱和度。可以在颜色接近最大饱和度时最大限度地减少不自然的颜色，还可以防止肤色过度饱和。

上机实战 使用自然饱和度命令调整图像

1 从光盘中打开一张要处理的图片，如图 9-25 所示，在这里主要是降低图像的饱和度。

2 在菜单中执行【图像】→【调整】→【自然饱和度】命令，弹出【自然饱和度】对话框，在其中设置【自然饱和度】为-19，【饱和度】为-22，其他不变，如图 9-26 所示，单击【确定】按钮，即可得到如图 9-27 所示的效果。

图 9-25 打开的图片

图 9-26 【自然饱和度】对话框

图 9-27 执行【自然饱和度】命令后的效果

【自然饱和度】对话框中的选项说明如下：

● 自然饱和度：是一种颜色的纯度，颜色越纯，饱和度越大，否则相反。

3. 色彩平衡

利用【色彩平衡】对话框可以更改图像的总体颜色混合，它适用于普通的色彩校正，而且要确保在【通道】面板中选中了复合通道，如图 9-28 所示。

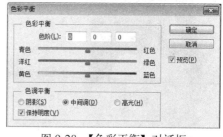

图 9-28 【色彩平衡】对话框

上机实战 使用色彩平衡命令校正图像的色彩

1 从光盘中打开一张图片，如图 9-29 所示。

2 在菜单中执行【图像】→【调整】→【色彩平衡】命令，弹出【色彩平衡】对话框，在【色调平衡】栏中选择【中间调】选项，然后在【色彩平衡】栏中调整图像色彩平衡度，可以在【色阶】的文本框中输入所需的数值，也可以拖动下方的颜色滑块，勾选【保持明度】复选框，如图 9-30 所示，单击【确定】按钮，即可得到如图 9-31 所示的效果。

图 9-29 打开的图片

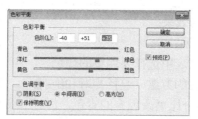

图 9-30 【色彩平衡】对话框

图 9-31 执行【色彩平衡】后的效果

提示

勾选【保持明度】选项可以防止图像的亮度值随颜色的更改而改变。该选项可以保持图像的色调平衡。

4. 照片滤镜

使用【照片滤镜】命令可以模仿在相机镜头前面加彩色滤镜，以便调整通过镜头传输的光的色彩平衡和色温，使胶片曝光。

上机实战 使用照片滤镜命令调整图像

1 从光盘中打开一张图片，如图 9-32 所示。

2 在菜单中执行【图像】→【调整】→【照片滤镜】命令，弹出【照片滤镜】对话框，在【使用】栏中选择颜色，再单击颜色块，在弹出的对话框中选择所需的颜色，设置【浓度】为 61%，其他不变，如图 9-33 所示，单击【确定】按钮，即可得到如图 9-34 所示的效果。

 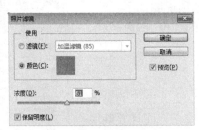 

图 9-32 打开的图片　　　图 9-33 【照片滤镜】对话框　　　图 9-34 执行【照片滤镜】后的效果

5. 可选颜色

可选颜色校正是高端扫描仪和分色程序使用的一项技术，它在图像中的每个加色和减色的原色图素中增加和减少印刷色的量。"可选颜色"命令使用 CMYK 颜色校正图像，可以用于校正 RGB 图像以及将要打印的图像。

上机实战 使用可选颜色集合调整图像

1 从光盘中打开一张图片，如图 9-35 所示。

2 在菜单中执行【图像】→【调整】→【可选颜色】命令，弹出【可选颜色】对话框，在【颜色】下拉列表中选择黄色，然后拖动【青色】滑块至+2 处，拖动【洋红】滑块到-45 处，拖动【黄色】滑块到-60 处，拖动【黑色】滑块到-24 处，如图 9-36 所示，单击【确定】按钮，即可得到如图 9-37 所示的效果。

可选颜色对话框中的选项说明：

● 颜色：在【颜色】下拉列表中选择要调整的颜色。

● 方法：在此选择调整颜色的方法，包括相对和绝对。

➢ 相对：按照总量的百分比更改现有的青色、洋红、黄色或黑色的量。例如，如果用户从 50%洋红的像素开始添加 20%，则 10%（50%×20% = 10%）将添加到洋红，结果为 60%的洋红。该选项不能调整纯反白光，因为它不包含颜色成分。

> ➤ 绝对：按绝对值调整颜色。例如，如果从 50% 的洋红的像素开始添加 20%，则洋红油墨的总量将设置为 70%。

图 9-35 打开的图片　　　　图 9-36 【可选颜色】对话框　　　图 9-37 执行【可选颜色】后的效果

9.2.2 图像色调调整方法

可以采用下面 4 种不同方式设置图像的色调范围。

（1）在【色阶】对话框中沿直方图拖移滑块，如图 9-38 所示。

图 9-38 用【色阶】命令对话框来调整色调范围

（2）在【曲线】对话框中调整图形的形状。此方法允许用户在 0~255 色调范围中调整任何点，并可以最大限度地控制图像的色调品质，如图 9-39 所示。

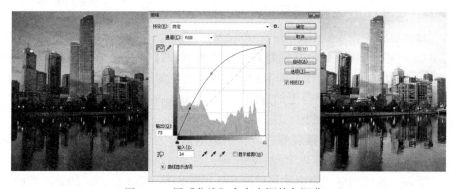

图 9-39 用【曲线】命令来调整色调范围

（3）使用【色阶】或【曲线】对话框为高光和阴影像素指定目标值。对于正发送到印刷机或激光打印机的图像来说，这可以保留重要的高光和阴影细节。在锐化之后，可能还需要微调目标值。

（4）使用【阴影/高光】命令调整阴影和高光区域中的色调。它对于校正强逆光使主体出现黑色影像，或者由于靠近照相机闪光灯，而导致主体曝光稍稍过度的图像特别有用，如图9-40所示。

图 9-40   用【阴影/高光】命令来调整色调范围

9.2.3   【HDR 色调】命令

使用【HDR 色调】命令可以使用超出普通范围的颜色值。HDR 的全称是 High Dynamic Range，即高动态范围，比如所谓的高动态范围图像（HDRI）或者高动态范围渲染（HDRR）。动态范围是指信号最高和最低值的相对比值。目前的16位整型格式使用从"0"（黑）到"1"（白）的颜色值，但是不允许所谓的"过范围"值，比如说金属表面比白色还要白的高光处的颜色值。

简单来说，HDR 效果主要有3个特点：

（1）亮的地方可以非常亮。

（2）暗的地方可以非常暗。

（3）亮暗部的细节都很明显。

上机实战   使用 HDR 色调命令调整图像色调

1   从光盘中打开一张要处理的图片，如图9-41所示。

2   在菜单中执行【图像】→【调整】→【HDR 色调】命令，弹出【HDR 色调】对话框，在其中的【预设】列表中选择更加饱和，其他不变，如图9-42所示，此时画面中就已经发生了变化，图像中的颜色就变得更加饱和了，效果如图9-43所示。

在【HDR 色调】对话框中的：

【方法】下拉列表中可以选择局部适应、色调均化直方图、曝光度和灰度系数与高光压缩4种方法。

- 局部适应：通过调整图像中的局部亮度区域来调整 HDR 色调。如果选择局部适应，则其下方就会显示它的相关选项。
    - ➤ 边缘光：其中的【半径】指定局部亮度区域的大小。【强度】指定两个像素的色调值相差多大时，它们属于不同的亮度区域。

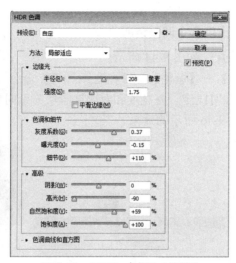

图 9-41　打开的图片　　　　　图 9-42　【HDR 色调】对话框　　　图 9-43　执行【HDR 色调】
后的效果

> 色调和细节：【灰度系数】设置为 1.0 时动态范围最大，较低的设置会加重中间调，而较高的设置会加重高光和阴影。【曝光度】值反映光圈大小。拖动【细节】滑块可以调整锐化程度，拖动【阴影】和【高光】滑块可以使这些区域变亮或变暗。

> 高级：【自然饱和度】可以调整细微颜色强度，同时尽量不剪切高度饱和的颜色。【饱和度】调整从-100（单色）～ +100（双饱和度）的所有颜色的强度。

> 色调曲线和直方图：在直方图上显示一条可调整的曲线，调整方法与【曲线】对话框相似，从而显示原始的 32 位 HDR 图像中的明亮度值。横轴的红色刻度线以一个 EV（约为一级光圈）为增量。

💡 提示

默认情况下，【色调曲线和直方图】可以从点到点限制所做的更改并进行色调均化。要移去该限制并应用更大的调整，需要在曲线上插入点之后选择【边角】选项。在插入并移动第二个点时，曲线会变为尖角。

● 色调均化直方图：自动调整压缩 HDR 图像动态范围的同时，它还会保留一部分对比度。

● 曝光度和灰度系数：允许手动调整 HDR 图像的亮度和对比度。移动【曝光度】滑块可以调整增益，移动【灰度系数】滑块可以调整对比度。

● 高光压缩：自动调整压缩 HDR 图像中的高光值，使其位于 8 位/通道或 16 位/通道的图像文件的亮度值范围内。

9.2.4　特殊色调的调整

1. 亮度/对比度

利用【亮度/对比度】命令可以对图像的色调范围进行简单的调整。它与【曲线】和【色阶】不同，它对图像中的每个像素进行同样的调整。【亮度/对比度】命令对单个通道不起作用，建议不要用于高端输出，因为它会引起图像中细节的丢失。

上机实战 **使用亮度/对比度命令调整色调**

1 从光盘中打开一张图片，如图 9-44 所示。

2 在菜单中执行【图像】→【调整】→【亮度/对比度】命令，弹出如图 9-45 所示的对话框，为了增加图像的亮度和对比度，将亮度和对比度滑块分别向右拖动到适当位置，单击【确定】按钮，即可得到如图 9-46 所示的效果。

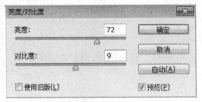

图 9-44 打开的图片　　　　　图 9-45 【亮度/对比度】对话框　　　图 9-46 执行【亮度/对比度】
　　　　　　　　　　　　　　　　　　　　　　　　　　　　　　　　　后的效果

提示

向左拖移降低亮度和对比度，也可在文本框中输入亮度或对比度值，数值范围可以从-100～+100。

2. 自动色调

利用【自动色调】命令可以自动调整图像的明暗度。可以自定义每个通道中最亮和最暗的像素作为白和黑，然后按比例重新分布中间像素值。因为【自动色调】单独调整每个颜色通道，所以可能会消除或引入色偏。

在像素值平均分布的图像需要简单的对比度调整时或在图像有总体色偏时，【自动色调】会得到较好的效果。但是，手动调整【色阶】或【曲线】控制会更精确。

如图 9-47 所示为原图像，通过自动色调调整的效果如图 9-48 所示。

图 9-47 打开的原图像　　　　　　　　　图 9-48 通过自动色调调整的效果

3. 自动对比度

利用【自动对比度】命令可以自动调整 RGB 图像中颜色的总体对比度和混合。因为【自动对比度】不个别调整通道，所以不会引入或消除色偏。它将图像中的最亮像素和最暗像素映射为白色和黑色，使高光显得更亮而暗调显得更暗。如图 9-49 所示为原图像，图 9-50 所示为通过自动对比度调整的效果。

图 9-49 打开的原图像

图 9-50 通过自动对比度调整的效果

 提示

利用【自动对比度】命令可以改进许多摄影或连续色调图像的外观。但不能改进单色图像。

4. 色调均化

利用【色调均化】命令可以重新分布图像中像素的亮度值，以便使它们更均匀地呈现所有范围的亮度级。在应用此命令时，Photoshop 会查找复合图像中最亮和最暗的值并重新映射这些值，使最亮的值表示白色，最暗的值表示黑色。然后对亮度进行色调均化处理，即在整个灰度范围内均匀分布中间像素值。

当扫描的图像显得比原稿暗，并且用户想产生较亮的图像时，可以使用【色调均化】命令。配合使用【色调均化】命令和【直方图】命令，可以看到调整亮度后的前后比较。

如图 9-51、图 9-52 所示为原图像与色调均化后的图像。

图 9-51 打开的原图像

图 9-52 通过【色调均化】后的图像

5. 色调分离

利用【色调分离】命令可以指定图像中每个通道的色调级或亮度值的数目，然后将像素映射为最接近的匹配色调。如在 RGB 图像中指定两个色调级，就可以产生 6 种颜色：两种红色、两种绿色、两种蓝色。

　　在照片中创建特殊效果，如创建大的单调区域时，此命令非常有用。在减少灰度图像中的灰色色阶数时，它的效果最为明显，它也可以在彩色图像中产生一些特殊效果。

　　执行【色调分离】命令后将弹出如图 9-53 所示的【色调分离】对话框，在其中的【色阶】文本框中可以输入 2~255 之间的数值，指定图像中每个通道的色调级。

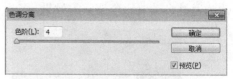

图 9-53　【色调分离】对话框

　　如图 9-54 所示为分别对原图像进行【色调分离】，在【色阶】文本框中输入不同数值的效果对比图。

图 9-54　进行【色调分离】效果对比图

9.2.5　调整图像的阴影/高光

　　【阴影/高光】命令适用于校正由强逆光而形成剪影的照片，或者校正由于太接近相机闪光灯而有些发白的焦点。在用其他方式采光的图像中，这种调整也可用于使阴影区域变亮。【阴影/高光】命令不是简单地使图像变亮或变暗，它基于阴影或高光中的周围像素（局部相邻像素）增亮或变暗。正因为如此，阴影和高光都有各自的控制选项。默认值设置为修复具有逆光问题的图像。【阴影/高光】命令还有【中间调对比度】滑块、【修剪黑色】选项和【修剪白色】选项，用于调整图像的整体对比度。

 上机实战　**调整图像的阴影/高光**

　　1　从光盘中打开一张图片，如图 9-55 所示。

　　2　在菜单中执行【图像】→【调整】→【阴影/高光】命令，弹出【阴影/高光】对话框，在其中设置阴影的【数量】为 66%，【色调宽度】为 66%，在【调整】栏中设置【颜色校正】为+70，【中间调对比度】为+57，其他为默认值，如图 9-56 所示，单击【确定】按钮，即可将照片的色调与颜色校正好了，效果如图 9-57 所示。

图 9-55　打开的原图像　　　图 9-56　【阴影/高光】对话框　　图 9-57　执行【阴影/高光】后的效果

【阴影/高光】对话框中的选项说明如下：

- 色调宽度：控制阴影或高光中色调的修改范围。较小的值会限制只对较暗区域进行阴影校正的调整，并只对较亮区域进行【高光】校正的调整。较大的值会增大将进一步调整为中间调的色调范围。色调宽度因图像而异。值太大可能会导致非常暗或非常亮的边缘周围出现色晕。

- 半径：控制每个像素周围的局部相邻像素的大小。相邻像素用于确定像素是在阴影还是在高光中。向左移动滑块会指定较小的区域，向右移动滑块会指定较大的区域。局部相邻像素的最大大小取决于图像。最好通过调整进行试验。如果【半径】太大，则调整倾向于使整个图像变亮（或变暗），而不是只使主体变亮。最好将半径设置为与图像中所关注主体的大小大致相等。

- 色彩校正：允许在图像的已更改区域中微调颜色。此调整仅适用于彩色图像。通常，增大这些值倾向于产生饱和度较大的颜色，而减小这些值则会产生饱和度较小的颜色。

提示

由于"色彩校正"滑块只影响图像中发生更改的部分，因此颜色的变化量取决于应用了多少阴影或高光。阴影和高光的校正幅度越大，可用颜色校正的范围也就越大。"色彩校正"滑块对图像中变暗或变亮的颜色应用精细的控制。如果想要更改整个图像的色相或饱和度，可以在应用【阴影/高光】命令之后使用【色相/饱和度】命令。

- 亮度：当图像为灰度图像时，"色彩校正"选项就变为"亮度"选项，拖动"亮度"滑块可调整灰度图像的亮度。向左移动"亮度"滑块会使灰度图像变暗，向右移动该滑块会使灰度图像变亮。

- 中间调对比度：调整中间调中的对比度。向左移动滑块会降低对比度，向右移动会增加对比度。也可以在【中间调对比度】文本框中输入一个值。负值会降低对比度，正值会增加对比度。增大中间调对比度会在中间调中产生较强的对比度，同时倾向于使阴影变暗并使高光变亮。

- **修剪黑色/修剪白色**：指定在图像中会将多少阴影和高光剪切到新的极端阴影（色阶为 0）和高光（色阶为 255）颜色。值越大，生成的图像的对比度越大。如果剪贴值太大就会减小阴影或高光的细节（强度值会被作为纯黑或纯白色剪切并渲染）。

9.3　思考与练习

一、选择题

1. 使用以下哪个命令可以模仿在相机镜头前面加彩色滤镜，以便调整通过镜头传输的光的色彩平衡和色温；使胶片曝光。　　　　　　　　　　　　　　　　　　　（　　）

    A. 照片滤镜　　　　B. 阴影/高光　　　　C. 色调分离　　　　D. 可选颜色

2. 利用以下哪个命令可以更改图像的总体颜色混合，但它适用于普通的色彩校正，而且要确保在【通道】面板中选中了复合通道。　　　　　　　　　　　　　　　（　　）

    A. 色调分离　　　　B. 曲线　　　　　　C. 色彩平衡　　　　D. 可选颜色

二、小试牛刀——装饰照片

图 9-58　原图　　　　　　　　　　　　图 9-59　处理后的效果图

操作提示

先打开原图，用曲线、色相/饱和度调整图层将图像调亮后再降低饱和度，按"Alt"+"Ctrl"+"2"键选择高光，再对选区进行颜色（#fec07e）填充。

第 10 章   滤镜的使用

10.1   一学就会——制作砖墙壁

先使用填充、创建新的图层、矩形选框工具、取消选择、铅笔工具、添加杂色、定义图案等工具与命令制作出砖的纹理，然后使用新建、油漆桶工具用图案填充画面以制作出一面砖墙壁。实例效果如图 10-1 所示。

图 10-1   实例效果图

操作步骤

1   按"Ctrl"+"N"键新建一个文件，设置【大小】为 42×28 像素，【分辨率】为 72 像素/英寸，【颜色模式】为 RGB 颜色，【背景内容】为白色。

2   设置前景色为#cdcdcd，按"Alt"+"Delete"键填充前景色，效果如图 10-2 所示。

3   显示【图层】面板，在其中单击 ■ （创建新的图层）按钮，新建图层 1，如图 10-3 所示。

4   在工具箱中选择 ■ 矩形选框工具，在选项栏中设置为 [样式: 固定大小   宽度: 37像素   高度: 11像素]，在画面的左上方单击得到一个矩形，再设置前景色为#700d0d，按"Alt"+"Delete"键填充前景色，如图 10-4 所示。

图 10-2   填充前景色

图 10-3   【图层】面板

图 10-4   绘制矩形

5   按"Ctrl"+"D"键取消选择，再按"Ctrl"+"J"键复制图层 1 为图层 1 拷贝，如图 10-5 所示。

6 在菜单中执行【滤镜】→【其他】→【位移】命令，弹出如图 10-6 所示的对话框，在其中设置【水平】为 20 像素右移，【垂直】为 13 像素下移，选择【折回】单选框，单击【确定】按钮，得到如图 10-7 所示的效果。

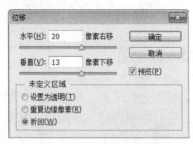

图 10-5 【图层】面板　　　图 10-6 【位移】对话框　　　图 10-7 执行【位移】后的效果

7 按"Ctrl"+"E"键合并图层，【图层】面板如图 10-8 所示。

8 在工具箱中选择铅笔工具，设置前景色为#4e0909，在画面上沿着深红色矩形的边画出如图 10-9 所示的边线。

9 设置前景色为#a41515，在画面上沿着深红色矩形的边画出如图 10-10 所示的边线。

图 10-8 【图层】面板　　　图 10-9 沿着矩形画边线　　　图 10-10 沿着矩形画边线

10 在菜单中执行【滤镜】→【杂色】→【添加杂色】命令，弹出如图 10-11 所示的对话框，在其中设置【数量】为 5，选择【高斯分布】选项，勾选【单色】选项，单击【确定】按钮，得到如图 10-12 所示的效果。

11 设置前景色为黑色，在【图层】面板中激活背景层，再单击【创建新的图层】按钮，新建图层 2，这样图层 2 会位于图层 1 的下面，然后在画面上沿着红色矩形的边画出如图 10-13 所示的边线。

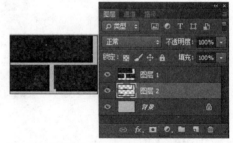

图 10-11 【添加杂色】对话框　　　图 10-12 执行【添加杂色】后的效果　　　图 10-13 沿着矩形画边线

12 在【图层】面板中设置【不透明度】为 60%，如图 10-14 所示。

13 按"Ctrl"+"Shift"+"E"键合并所有可见图层，结果如图 10-15 所示。

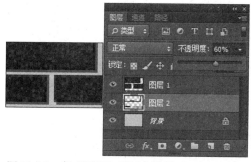

图 10-14 在【图层】面板中设置【不透明度】

图 10-15 合并所有可见图层

14 按"Ctrl"+"F"键，重复执行【添加杂色】命令，得到如图 10-16 所示的效果。

15 在菜单中执行【编辑】→【定义图案】命令，弹出如图 10-17 所示的对话框，单击【确定】按钮即可。

图 10-16 执行【添加杂色】后的效果

图 10-17 【图案名称】对话框

16 按"Ctrl"+"N"键再新建一个文件，设置【大小】为 550×300 像素，【分辨率】为 72 像素/英寸，【颜色模式】为 RGB 颜色，【背景内容】为白色。

17 在工具箱中选择 油漆桶工具，在选项栏中设置参数，如图 10-18 所示，在画面上单击得到如图 10-19 所示的效果。

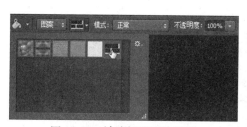

图 10-18 油漆桶工具选项栏

图 10-19 图层图案

10.2 知识延伸

10.2.1 关于滤镜

【滤镜】功能是 Photoshop 中最奇妙的部分，它能够创建出各种各样精彩绝伦的图像。有的仿制现实中的事物，可以以假乱真；有的可以作出虚幻的景象。滤镜的组合更是能产生出千变万化的图像，而且这些图像的产生方便快捷。

在菜单中单击【滤镜】菜单，弹出如图 10-20 所示的下拉菜单。

从【滤镜】下拉菜单选取相应的命令或子菜单中的命令即可使用滤镜。具体方法如下：

（1）如果要在图层的某一区域应用滤镜，需要先选择该区域。如果要对整个图层应用滤镜，可以不对图像作任何选择。

（2）可以从【滤镜】下拉菜单中选取相应的滤镜。如果滤镜名称后跟有省略号，则会出现对话框，如果滤镜名称后跟着小三角形，则表示其后有相关的子菜单命令。

（3）如果出现对话框，输入数值或选择选项。

（4）如果对话框包含预览窗口，按以下方法操作：

① 在图像窗口中单击，可以使图像的指定区域成为预览窗口的中心。

② 在预览窗口中拖移，可以使图像的指定区域成为预览窗口的中心。

③ 使用预览窗口下的"+"或"-"按钮可以放大或缩小预览图。

如图 10-21 所示为原图像及预览滤镜效果。

图 10-20 【滤镜】菜单

图 10-21 原图像及预览滤镜效果

（5）如果【预览】选项可用，选择此选项可以在整个图像上预览滤镜效果。

（6）单击【确定】按钮即可应用该滤镜。

 提示

（1）最后一次选取的滤镜出现在【滤镜】菜单的顶部。

（2）滤镜应用于现用、可见图层。

（3）滤镜不能应用于位图模式、索引颜色的图像。

（4）一些滤镜只能用于 RGB 图像。

（5）一些滤镜完全在 RAM 中处理。

（6）应用滤镜，尤其对大图像应用滤镜非常耗时。

（7）为了在试用不同滤镜时节省时间，可以先在图像上用小的、有代表性的部分或在一个分辨率低的备份上试用。

10.2.2　滤镜库

利用【滤镜库】命令可以一次性打开【风格化】、【画笔描边】、【扭曲】、【素描】、【纹理】和【艺术效果】滤镜，如图 10-22 所示，可以在其中直接单击各【滤镜】下的命令（或图标），同时能在左边的预览框中预览效果，也可以在右边进行所需的参数设置。

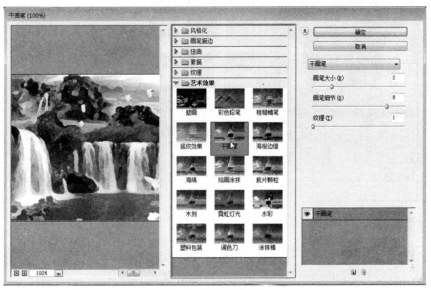

图 10-22　【滤镜库】

在滤镜库对话框中可以单击◉按钮，显示或隐藏陈列室。

可以在滤镜库对话框的右下角单击◧（新建效果图层）按钮，新建一个效果层，以加强效果，如图 10-23 所示，再在陈列室中选择其他的效果，如图 10-24 所示。如果需要删除某效果也可以单击◨（删除效果图层）按钮，将不需要的效果层删除，设置好后单击【确定】按钮，即可得到最后在预览框中预览的效果。

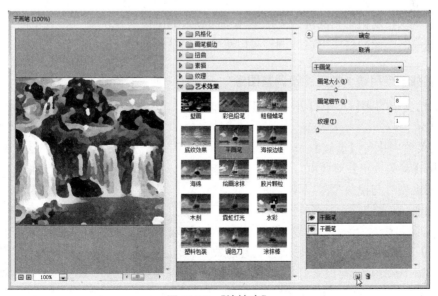

图 10-23　【滤镜库】

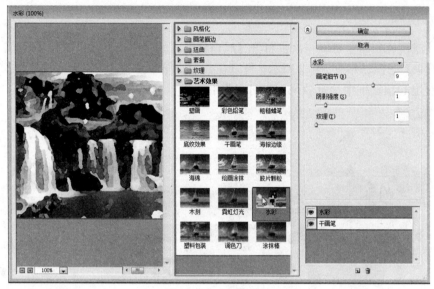

图 10-24 【滤镜库】

10.2.3 内置滤镜

滤镜是 Photoshop 中功能最丰富、效果最奇特的工具之一。滤镜是通过不同的方式改变像素数据，以达到对图像进行抽象、艺术化的特殊处理效果。

内置滤镜是指在默认安装 Photoshop 时，安装程序自动安装到 plug-ins 目录下的那些滤镜，包括自适应广角、镜头校正、液化、油画、消失点、风格化、模糊、扭曲、锐化、宙频、像素化、渲染、杂色等。

下面以镜头校正滤镜为例进行操作讲解。

使用【镜头校正】滤镜可以修复常见的镜头瑕疵，如桶形和枕形失真、晕影和色差。该滤镜在 RGB 或灰度模式下只能用于 8 位/通道和 16 位/通道的图像，并且可以使用已安装的常见镜头的配置文件快速修复扭曲问题，或自定其他型号的配置文件，也可以使用该滤镜来旋转图像，或修复由于相机垂直或水平倾斜而导致的图像透视现象。相对于使用【变换】命令，此滤镜的图像网格使得这些调整可以更为轻松精确地进行。

上机实战 使用镜头校正滤镜调整图像

1 从光盘中的素材库中打开一张图片，如图 10-25 所示。

2 在菜单中执行【滤镜】→【镜头校正】命令，弹出【镜头校正】对话框，可以在其中选择所需的相机型号与镜头型号以及其他选项，这里采用默认值，在左边的工具条中选择拉直工具，在预览窗口中拖出一条直线作为垂直参考边，如图 10-26 所示，松开左键后即可将建筑物摆正了，如图 10-27 所示，设置好后单击【确定】按钮，即可得到如图 10-28 所示的效果。

图 10-25 打开的图片

图 10-26　【镜头校正】对话框

图 10-27　【镜头校正】对话框

【镜头校正】对话框中的选项说明如下：

- 校正：在该栏中可以选择要解决的问题。选择【自动缩放图像】选项可以将校正的图像按预期的方式扩展或收缩。

- 边缘：在该列表中可以指定如何处理由于枕形失真、旋转或透视校正而产生的空白区域。可以使用透明或某种颜色填充空白区域，也可以扩展图像的边缘像素。

- 搜索条件：对【镜头配置文件】列表进行过

图 10-28　执行【镜头校正】后的效果

滤。默认情况下，基于图像传感器大小的配置文件首先出现。如果要首先列出 RAW 配置文件，可以单击弹出菜单 ，然后选择"优先使用 RAW 配置文件"。

- 镜头配置文件：选择匹配的配置文件。默认情况下，Photoshop 只显示用来创建图像的相机和镜头匹配的配置文件（相机型号不必完全匹配）。Photoshop 还会根据焦距、光圈大小和对焦距离自动为所选镜头选择匹配的子配置文件。

- 移去扭曲：可以校正镜头桶形或枕形失真。拖动滑块可拉直从图像中心向外弯曲或朝图像中心弯曲的水平和垂直线条，也可以使用 移去扭曲工具来校正。朝图像的中心拖动可校正枕形失真，而朝图像的边缘拖动可校正桶形失真。

- 修复——边：通过相对其中一个颜色通道调整另一个颜色通道的大小来补偿边缘。

- 晕影：在其中可以设置沿图像边缘变亮或变暗的程度。校正由于镜头缺陷或镜头遮光处理不正确而导致拐角较暗的图像，还可以应用晕影实现创意效果。

- 垂直透视：校正由于相机向上或向下倾斜而导致的图像透视。

- 角度：旋转图像以针对相机歪斜加以校正，或在校正透视后进行调整，也可以使用 拉直工具来校正图像的歪斜。沿图像中想作为横轴或纵轴的直线拖动。

10.2.4　外挂滤镜

外挂滤镜是由第三方厂商为 Photoshop 所生产的滤镜，不但数量庞大，其种类繁多、功能不一，而且版本和种类不断升级和更新。如最强大的材质制造插件——MaPZone；Flood 104 水波倒影滤镜——Flaming Pear 公司的 Flood 图像插件可以做出令人叫绝的水波倒影效果，绝对经典，强烈推荐！适用于所有支持 Photoshop 插件规范的图像软件。

10.3　思考与练习

一、填空题

1. 利用【滤镜库】命令可以一次性打开＿＿＿＿＿＿＿、＿＿＿＿＿＿＿、＿＿＿＿＿＿＿、＿＿＿＿＿＿＿、＿＿＿＿＿＿＿和【艺术效果】滤镜，

2.【镜头校正】滤镜，使它可修复常见的镜头瑕疵，如＿＿＿＿＿＿＿和＿＿＿＿＿＿＿、＿＿＿＿＿＿＿和色差。

二、小试牛刀——使用模糊滤镜处理图像背景

图 10-29　图像背景模糊效果图

制作流程图

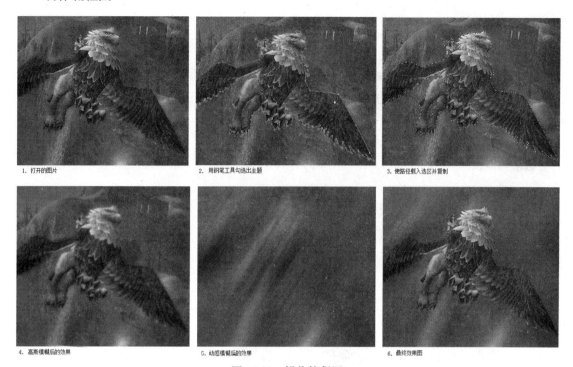

图 10-30　操作流程图

第 11 章　动作的使用

11.1　一学就会——制作手表的刻度

先打开所需的图片，再使用参考线确定手表时针的中心点，然后使用椭圆工具、创建新动作、记录与停止动作、播放动作等工具与命令制作出手表的刻度，最后添加时针、分针与秒针。

图 11-1　实例效果图

操作步骤

1 按"Ctrl"+"O"键打开一个手表文件，显示【图层】面板，在其中激活图层 1，如图 11-1 所示。

2 按"Ctrl"+"T"执行【自由变换】命令，显示变换框，如图 11-2 所示，按"Ctrl"+"R"键显示标尺栏，并从标尺栏中拖出两条参考线到变换框的中心点上，以确定中心点，如图 11-3 所示，然后在选项栏中单击 ◎ 按钮，取消自由变换调整。

图 11-1　打开的文件

图 11-2　执行【自由变换】命令

　　3　设置前景色为白色，在【图层】面板中单击【创建新图层】按钮，新建图层 2，在工具箱中选择█椭圆工具，并在选项栏中选择像素，然后按"Shift"键在画面中适当位置绘制一个小圆白点，如图 11-4 所示。

　　4　显示【动作】面板，在其中单击【创建新动作】按钮，弹出【新建动作】对话框，在其中设置所需的参数，也可采用默认值，如图 11-5 所示，单击【记录】按钮，开始记录动作，如图 11-6 所示。

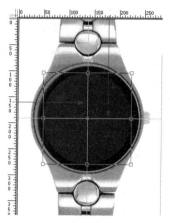

图 11-3　确定中心点

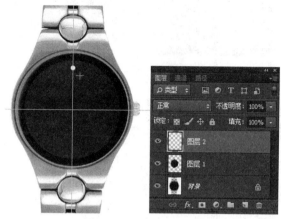

图 11-4　绘制一个小圆

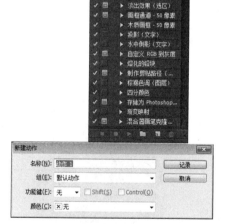

图 11-5　【动作】面板

图 11-6　【动作】面板

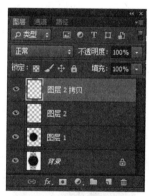

图 11-7　【图层】面板

　　5　按"Ctrl"+"J"键执行【通过拷贝的图层】命令，复制图层 2 为图层 2 拷贝，如图 11-7 所示。按"Ctrl"+"T"键执行【自由变换】命令，再按"Ctrl"+"+"键放大画面，如图 11-8 所示，

　　6　在选项栏的█中单击确定参考点位置，如图 11-9 所示，因为在变换框中很难拖动参考点，然后将参考点拖动到参考线的交叉点上，如图 11-10 所示。

　　7　在选项栏的█中输入"30"后按 Enter 键，将小白圆点旋转 30 度，如图 11-11 所示，然后单击█按钮确认变换，再按"Ctrl"+"-"键缩小画面，如图 11-12 所示。

　　8　在【动作】面板中单击█按钮，停止动作记录，即可创建一个动作，如图 11-13 所示。

图 11-8 执行【自由变换】命令

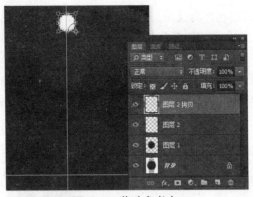

图 11-9 移动参考点

图 11-10 移动参考点

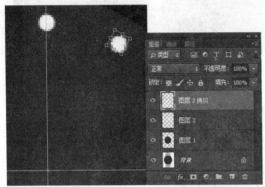

图 11-11 将小白圆点旋转

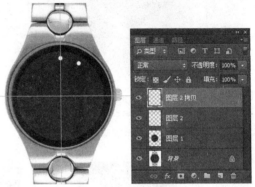

图 11-12 旋转后的效果

9 在【动作】面板中选择动作 1，然后单击 ▶ 按钮播放动作，如图 11-14 所示，移动并旋转副本内容，结果如图 11-15 所示。

图 11-13 【动作】面板

图 11-14 【动作】面板

图 11-15 移动并旋转副本内容

10 使用步骤 9 同样的方法，在【动作】面板中单击 ▶ 按钮播放动作，直到得到所需的效果为止，如图 11-16 所示。

11 按住"Shift"键的同时用鼠标在【图层】面板中单击图层 2，以同时选择图层 2 及其副本，如图 11-17 所示，再按"Ctrl"＋"E"键将所有选择的图层合并，结果如图 11-18 所示。

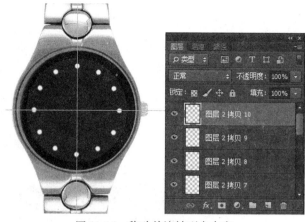

图 11-16　移动并旋转副本内容

图 11-17　【图层】面板

12 按 "Ctrl" + "R" 键隐藏参考线，结果如图 11-19 所示，再使用其他工具绘制出手表的时针、分针与秒针，也可以直接打开一个已经制作好的时刻针，然后将其复制到手表中，排放好后的效果如图 11-20 所示。

图 11-18　【图层】面板

图 11-19　隐藏参考线后的效果

图 11-20　排放好时刻针后的效果

11.2　知识延伸

11.2.1　关于动作

动作就是播放单个文件或一批文件的一系列命令。

大多数命令和工具操作都可以记录在动作中。动作可以包含停止，使用户可以执行无法记录的任务（如使用绘画工具等）。动作也可以包含模态控制，使用户可以在播放动作时在对话框中输入值。

在 Photoshop 中包含了许多预定义动作，可以按原样使用这些预定义的动作，也可以根据自己的需要自定义它们，或者创建新动作。

Photoshop 以组的形式存储动作，以便对动作进行组织。

动作是快捷批处理的基础，而快捷批处理是小应用程序，可以自动处理拖移到其图标上的所有文件。

11.2.2 【动作】面板及其说明

在实际处理图像的过程中经常需要对大量的图像采用同样的操作，如果一个一个地进行处理的话，不仅速度十分慢，而且许多参数的设置往往会发生错误，从而影响整体的效果，在 Photoshop 中的【动作】面板具有下列主要功能：

（1）可以将一系列命令组合为单个动作，从而使执行任务自动化这个动作，可以在以后的应用中反复使用。

（2）可以创建一个动作，该动作应用一系列滤镜效果重现用户所喜爱的效果，或者组合命令以备后用，动作可被编成组，以帮助用户更好地组织动作。

（3）可以同时处理批量的图片，可以在一个文件或一批文件位于同一文件夹中的多个文件上使用相同的动作。

（4）使用【动作】面板可记录、播放、编辑和删除动作，还可以存储载入和替换动作。

在菜单中执行【窗口】→【动作】命令，可以显示或隐藏【动作】面板，【动作】面板如图 11-21 所示。

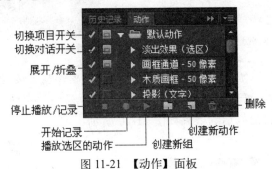

图 11-21 【动作】面板

动作面板中选项说明如下：

- ● 📁（组）图标：它显示的是当前的动作所在的文件夹的名称。图中的"默认动作"文件夹是 Photoshop 默认的设置，它里面包含了许多的动作。

- ● ✔（切换项目开/关）图标：如果在面板上的动作的左边有该图标的话，这个动作就是可执行的，如果组前没有图标的话，就表示该组中的所有动作都是不可执行的。

- ● 📄（切换对话开/关）图标：如果在面板上的动作的左边有该图标的话，则在执行该动作时，会暂时停在有对话框的位置，在对弹出对话框的参数进行设置之后单击【确定】按钮，则动作继续往下执行。如果没有该图标，则动作按照设置的过程逐步进行操作，直至到达最后一个操作完成动作。仔细观察会发现有的图标是红色的，表示该动作中只有部分动作是可执行的。如果单击该图标，它会自动将动作中所有不可执行的操作全部变成可执行的操作。

- ● 🔻（展开/折叠）按钮：单击该按钮，如果是一个组，那么它将会把所有的动作都展开；如果是一个动作，它将会把所有的操作步骤都展开；如果是一个操作，它将把执行该操作的参数设置打开。从这里我们可以清楚地知道动作是如何形成的，它是由一个个的操作集合到一起形成的。

- ● ▤按钮：单击该按钮将会弹出【动作】面板的下拉菜单。

- ● ■（停止播放/记录）按钮：它只有在录制动作或播放动作时才是可用的。

- ● ⬤（开始记录）按钮：单击该按钮时 Photoshop 开始录制一个新的动作，处于录制状态时图标呈现红色。

- ● ▶（播放选定的动作）按钮：动作回放或执行动作。当做好一个动作时可以用这个选项观看制作的效果，单击图标则自动执行动作。如果中间要停下来看一下，可以单击■（停止播放/记录）按钮停止。

- ● ▢（创建新组）按钮：单击该按钮可以新建一个组。

- （创建新动作）按钮：单击该按钮可以在面板中新建一个动作。
- （删除）按钮：单击该按钮可以将当前的动作或者组或者操作删除。

11.2.3　使用默认动作为图像添加精美画框

上机实战　使用默认动作为图像添加精美画框

　1　从配套光盘的素材库中打开一张如图 11-22 所示的图片。

　2　在【动作】面板中单击右上角的▓按钮，在弹出的菜单中选择【画框】命令，如图 11-23 所示。

图 11-22　打开的图片

图 11-23　【动作】面板

　3　在【动作】面板中展开【画框】动作，再单击【波形画框】动作，然后单击▶（播放选定的动作）按钮，如图 11-24 所示，播放完后得到如图 11-25 所示的效果。

图 11-24　【动作】面板

图 11-25　播放完后的效果

11.2.4　创建动作

上机实战　创建动作

　1　从配套光盘的素材库中打开一张如图 11-26 所示的图片，显示【动作】面板，在其底

部单击 ▣▣（创建新组）按钮，弹出如图 11-27 所示的【新建组】对话框，在【名称】文本框中输入所需的名称，也可采用默认值，设置好后单击【确定】按钮，新建一个组，如图 11-28 所示。

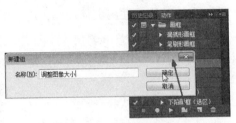

图 11-26　打开的图片　　　　　　　　　　　　图 11-27　【动作】面板

2　在【动作】面板中单击【创建新动作】按钮，弹出【创建新动作】对话框，单击【记录】按钮，即可开始记录后面将进行的操作，如图 11-29 所示。

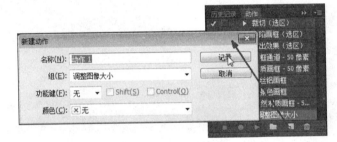

图 11-28　【动作】面板　　　　　　　　　　　　图 11-29　【动作】面板

3　在菜单中执行【图像】→【图像大小】命令，弹出【图像大小】对话框，在其中设置具体参数，如图 11-30 所示，调整好后单击【确定】按钮，得到如图 11-31 所示的效果。

图 11-30　【图像大小】对话框　　　　　　　　图 11-31　调整好后的效果

4　在菜单中执行【文件】→【存储为】命令，弹出【存储为】对话框，如图 11-32 所示，在其中选择要保存的文件夹（如调整后的图片），也可以自己新建一个文件夹，单击【保存】按钮，即可将打开的文件存在另一个文件夹中，同时【动作】面板中也添加了一个存储操作，单击 ▣（停止记录）按钮，停止动作的记录，如图 11-33 所示。动作就创建好了。

图 11-32 【存储为】对话框

图 11-33 【动作】面板

11.2.5 批处理

使用【批处理】命令可以在包含多个文件和子文件夹的文件夹上播放动作，也可以对多个图像文件执行同一个动作的操作，从而实现操作的自动化。

当批处理文件时，可以打开、关闭所有文件并存储对原文件的更改，或将更改后的文件存储到新位置（原文件保持不变）。如果要将处理过的文件存储到新的位置，可以在批处理开始前，先为处理过的文件创建一个新文件夹。

在菜单中执行【文件】→【自动】→【批处理】命令，弹出如图 11-34 所示的对话框。

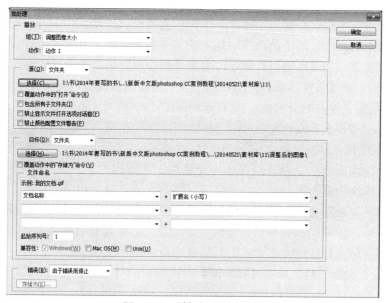

图 11-34 【批处理】对话框

批处理对话框中各选项说明如下：

● 播放：在该栏的【组】下拉列表中可以选择要应用的组名称，然后在【动作】下拉列表中可以选择要应用的动作。

- 源：在【源】下拉列表中（如图 11-35 所示）可以选取要处理的文件或文件所在的文件夹。

图 11-35 【源】下拉列表

  - 可以对已存储在计算机中的文件播放动作。单击【选取】按钮弹出【浏览文件夹】对话框，在其中可以查找并选择文件夹。
  - 用于对来自数码相机或扫描仪的图像导入和播放动作。
  - 用于对所有已打开的文件播放动作。
  - 用于对在【Bridge】中选定的文件播放动作。
- 覆盖动作中的"打开"命令：在指定的动作中，如果包含【打开】命令，批处理就会忽略该命令。
- 包含所有子文件夹：处理子文件夹中的文件。
- 禁止显示文件打开选项对话框：选择它时可以隐藏【文件打开选项】对话框。当对相机原始图像文件的动作进行批处理时，这是很有用的，将使用默认设置或以前指定的设置。
- 禁止颜色配置文件警告：选择该项时将关闭颜色方案信息的显示。
- 目标：在【目标】下拉列表中选取处理文件的目标，如图 11-36 所示。单击其下的【选择】按钮可以选择目标文件所在的文件夹。

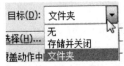

图 11-36 【目标】下拉列表

  - 覆盖动作中的"存储为"命令：选择该选项可以使动作中的【存储为】命令引用批处理的文件，而不是动作中指定的文件名和位置。如果要选择此选项，则动作必须包含一个【存储为】命令，因为【批处理】命令不会自动存储源文件。
- 文件命名：在【文件命名】栏中可通过 6 个下拉列表指定目标文件生成的命名规则，也可以指定文件名的兼容性，如 Windows、Mac OS 及 Unix 操作系统。
- 错误：在【错误】下拉列表中可以选择处理错误的选项，如图 11-37 所示。

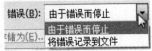

图 11-37 【错误】下拉列表

  - 由于错误而停止：由于错误而停止进程，直到用户确认错误信息为止。
  - 将错误记录到文件：将每个错误记录在文件中而不停止进程。如果有错误记录到文件中，则在处理完毕后将出现一条信息。如果要查看错误文件，可以单击其下的【存储为】按钮并在弹出的对话框中命名错误文件。

完成以上设置和操作后，单击【批处理】对话框中的【确定】按钮，即可开始批处理。

11.3 思考与练习

一、填空题

1. 使用【动作】面板可_____、_____、_____和

_____动作，还可以存储载入和替换动作。

2.【批处理】命令使用户可以在包含多个_____和
_____上播放动作，也可以对多个图像文件执行同一个
动作的操作，从而实现操作的自动化。

二、小试牛刀——为风景画添加画框

图 11-38 原图形

图 11-39 添加画框后的效果

提示

直接在【动作】面板中找到木质画框，然后单击【播放动作】按钮就行了。

第 12 章　动画制作

12.1　一学就会——色谱流光字

先使用横排文字工具在画面中输入所需的文字，再使用矩形选框工具、渐变工具、取消选择、自由变换、拖动并复制等工具与命令绘制出彩虹效果，然后使用移动工具、复制所选帧、创建剪贴蒙版等工具与命令将彩虹应用到文字上，最后使用过渡动画帧以将创建出逐渐变化的动画效果。实例效果如图 12-1 所示。

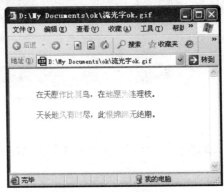

图 12-1　实例效果图

操作步骤

1　按"Ctrl"＋"N"键执行【新建】命令，弹出【新建】对话框，新建一个【宽度】为 300 像素，【高度】为 100 像素，【分辨率】为 72 像素/英寸，【背景内容】为白色的 RGB 颜色的图像文件。

2　在工具箱选择 横排文字工具，在画面中适当位置拖出一个文本框，在其中输入所需的文字，如图 12-2 所示。

3　按"Ctrl"＋"A"键将文字全选，在【字符】面板中设置【行距】为 36 点，【消除锯齿方法】为无，【字体】为宋体，【字体大小】为 14 点，【颜色】为黑色，其他不变，如图 12-3 所示，在选项栏中单击 按钮，确认文字输入。在【图层】面板中单击【创建新图层】按钮，新建图层 1，如图 12-4 所示。

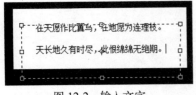

图 12-2　输入文字

图 12-3　【字符】面板

图 12-4　【图层】面板

4 在工具箱中选择▦矩形选框工具，在选项栏中设置【羽化】为 10px，然后在画面中拖出一个选框，以框住文字，如图 12-5 所示。

5 在工具箱中选择▦渐变工具，在选项栏的渐变拾色器中选择色谱，如图 12-6 所示，再在画面中从选框的左边向右边拖动，如图 12-7 所示，给选区进行渐变填充，填充后的效果如图 12-8 所示。

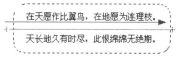

图 12-5 拖出一个选框　　　　图 12-6 渐变拾色器　　　　图 12-7 拖动时的状态

6 按 "Ctrl" + "D" 键取消选择，按 "Ctrl" + "T" 键执行【自由变换】命令，将填充所得的渐变进行变换调整并移至右边，如图 12-9 所示，调整好后在变换框中双击确认变换。

7 按 "Alt" + "Ctrl" + "Shift" 键将调整过的渐变向左拖动，以复制一个渐变，如图 12-10 所示，同时在【图层】面板中添加了一个副本，如图 12-11 所示。

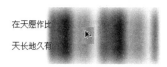

图 12-8 填充后的效果　　　图 12-9 【自由变换】调整　　　图 12-10 移动并复制渐变

8 使用同样的方法再复制一次，得到如图 12-12 所示的效果。

9 按 "Shift" 键在【图层】面板中单击图层 1，以选择图层 1 与它的副本，再按 "Ctrl" + "E" 键将其合并为一个图层，结果如图 12-13 所示。

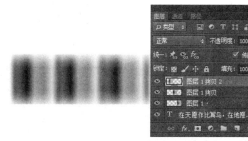

图 12-11 【图层】面板　　　图 12-12 移动并复制渐变　　　图 12-13 【图层】面板

10 在工具箱中选择移动工具，再按 "Shift" 键将其向左拖至适当位置，如图 12-14 所示。

11 在【时间轴】面板中单击▤（复制所选帧）按钮，复制一帧，如图 12-15 所示。按 "Shift" 键将其向右拖至适当位置，如图 12-16 所示。

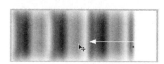

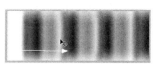

图 12-14 将渐变向左拖至　　　图 12-15 【时间轴】面板　　　图 12-16 将其向右拖至适当
　　　　　适当位置　　　　　　　　　　　　　　　　　　　　　　　　　位置

12 在【图层】菜单中执行【创建剪贴蒙版】命令，以创建剪贴
组，如图 12-17 所示，从而得到如图 12-18 所示的效果。

13 在【时间轴】面板中单击■（复制所选帧）按钮，复制一帧，
如图 12-19 所示，再在【图层】面板中选择文字图层，设置其【不透
明度】为 0%，如图 12-20 所示。

14 在按住"Shift"键的同时单击第 1 帧，以同时选择这 3 帧，
再单击 0秒▼（帧延迟时间）按钮，在弹出的菜单中选择 0.1 秒，如图
12-21 所示，以将帧延迟时间改为 0.1 秒，结果如图 12-22 所示。

图 12-17　【图层】菜单

图 12-18　创建剪贴组后的效果

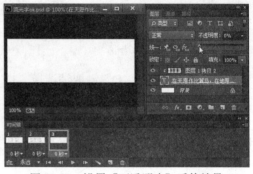

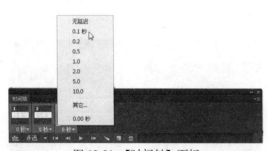

图 12-19　【时间轴】面板

图 12-20　设置【不透明度】后的效果

15 在【时间轴】面板中单击第 2 帧，如图 12-23 所示，以选择它，再单击 ＼（过渡动
画帧）按钮，弹出【过渡】对话框，在其中设置【过渡方式】为上一帧，【要添加的帧数】
为 20，其他不变，如图 12-24 所示，单击【确定】按钮，即可在【时间轴】面板中添加 20
帧，结果如图 12-25 所示。

图 12-22　【时间轴】面板

图 12-23　【时间轴】面板

图 12-21　【时间轴】面板

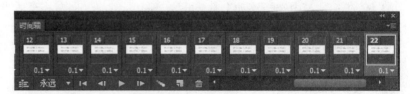

图 12-24　【过渡】对话框

图 12-25　【时间轴】面板

16 在【时间轴】面板中选择最后一帧，如图 12-26 所示，同样单击 ＼（过渡动画帧）
按钮，弹出【过渡】对话框，在其中设置【过渡方式】为上一帧，【要添加的帧数】为 20，

其他不变，如图 12-27 所示，单击【确定】按钮，即可在【时间轴】面板中添加 20 帧，结果
如图 12-28 所示。

图 12-26　【时间轴】面板

图 12-27　【过渡】对话框

图 12-28　【时间轴】面板

17 在菜单中执行【文件】→【存储为 Web 所用格式】命令，弹出【存储为 Web 所用
格式】对话框，在其中设置【格式】为 GIF，【循环选项】为永远，其他不变，如图 12-29 所
示，单击【存储】按钮，弹出【将优化结果存储为】对话框，在其中选择要保存的位置，也
可以给要保存的 GIF 动画命名，如图 12-30 所示，设置好后单击【保存】按钮，如果所命的
名称中包含非拉丁字符，便会弹出一个警告对话框，如图 12-31 所示，直接单击【确定】按
钮，即可将制作好的文件保存为 GIF 动画了。

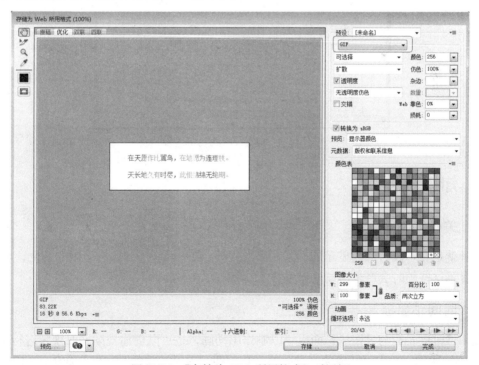

图 12-29　【存储为 Web 所用格式】对话框

图 12-30 【将优化结果存储为】对话框

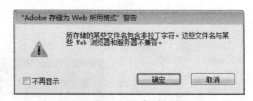

图 12-31 警告对话框

18 打开保存时选择的文件夹，然后在其中双击保存的 GIF 动画文件，即可使用 IE 浏览器查看制作好的流光字动画效果，如图 12-32 所示。

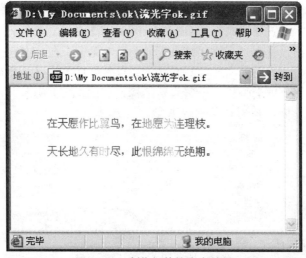

图 12-32 制作好的流光字效果

12.2 知识延伸

12.2.1 关于动画

动画就是在一段时间内显示的一系列图像或帧。每一帧较前一帧有轻微的变化，当连续、快速地显示这些帧时会产生运动的错觉。

12.2.2 时间轴面板

使用【时间轴】与【图层】面板可以制作出动画，也可以创建视频并对视频进行编辑 ，如图 12-33 所示。单击【转换为视频时间轴】按钮，显示【视频时间轴】面板，如图 12-34 所示。

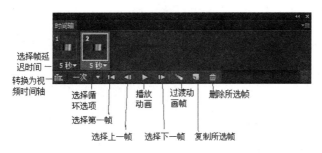

图 12-33 【时间轴】面板

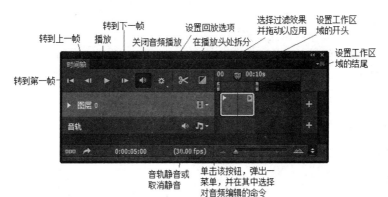

图 12-34 【时间轴】面板

12.2.3 过渡对话框

在【动画时间轴】面板中单击 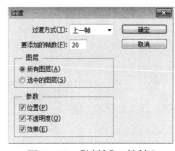 按钮，显示【过滤】对话框，可以根据需要在其中设置要添加的帧数并设置相关的参数，如图 12-35 所示。

【过渡】对话框中的选项说明如下：

- 过渡方式：在此下拉列表中可以选择在何处添加帧。
    - 下一帧：选择该选项可在所选的帧和下一帧之间添加帧。当在【动画】面板中选择最后一帧时，该选项不可用。

图 12-35 【过滤】对话框

- 第一帧：选择该选项可在最后一帧和第一帧之间添加帧。只有在【动画】面板中选择最后一帧时，该选项才可用。
    - 上一帧：选择该选项可在所选的帧和前一帧之间添加帧。当在【动画】面板中选择第一帧时，该选项不可用。
    - 最后一帧：选择该选项可在第一帧和最后一帧之间添加帧。只有在【动画】面板中选择最后一帧时，该选项不可用。
- 要添加的帧数：在此文本框中可以输入要添加的帧。
- 图层：在此栏中选择要改变的图层。
    - 所有图层：选择该选项可改变所选帧中的全部图层。
    - 选中的图层：选择该选项只改变所选帧中当前选中的图层。
- 参数：在此栏中指定要改变的图层属性。
    - 位置：选择该选项可在起始帧和结束帧之间均匀地改变图层内容在新帧中的位置。

> ➤ 不透明度：选择该选项可在起始帧和结束帧之间均匀地改变新帧的不透明度。
> ➤ 效果：选择该选项可在起始帧和结束帧之间均匀地改变图层效果的参数设置。

12.3　思考与练习

一、填空题

动画就是在一段时间内显示的一系列_____或_____。每一帧较前一帧有轻微的变化，当_____、_____显示这些帧时会产生运动的错觉。

二、小试牛刀——制作闪图效果动画

先打开 3 个有人物的图片与两个素材，如图 12-36 所示，并复制到同一个文件中，再添加一些装饰图案与艺术字，然后在【动画】面板中复制帧，同时在【图层】面板中显示或隐藏所需的图层或内容，直到得到所需的效果为止，如图 12-37 所示。

图 12-36　素材

图 12-37　制作好的效果

第 13 章 绘画

13.1 一学就会——山野风景画

先绘制山野风景画的基本色调，再详细绘制地面、方木、船只与一些树木、杂草等物件。实例效果如图 13-1 所示。

图 13-1 实例效果图

> 操作步骤

1 按"Ctrl"+"N"键新建一个文件，在【图层】面板中新建一个图层为图层 1，再在工具箱中选择 ✐ 画笔工具，并在选项栏中右击工具图标，在弹出的快捷菜单中选择【复位工具】命令，将工具复位。设置画笔的【大小】为 3 像素，【硬度】为 0%，如图 13-2 所示，然后在画面中绘制出山野风景画的线描图，如图 13-3 所示。

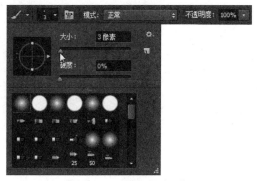

图 13-2 画笔工具选项栏

图 13-3 绘制线描图

2 在工具箱中选择 橡皮擦工具，在选项栏中右击工具图标，在弹出的快捷菜单中执行【复位工具】命令，将工具复位，然后设置【不透明度】为 60%，在画面中将线条的末端擦成尖形，使树枝更逼真，擦除后的效果如图 13-4 所示。

3 设置前景色为# fbf1b4，在【图层】面板中激活背景层，接着单击 （创建新图层）按钮，新建图层 2，如图 13-5 所示，再选择 画笔工具，在选项栏中设置画笔的【大小】为 250 像素，其他不变，然后在画面中绘制出天空颜色，绘制后的效果如图 13-6 所示。

图 13-4　绘制线描图　　　　　　图 13-5　【图层】面板　　　　图 13-6　绘制出天空颜色

4 设置前景色为# 111610，使用画笔工具在画面中绘制出地面与方木暗面颜色，绘制后的效果如图 13-7 所示。

5 在画笔工具的选项栏中设置【不透明度】为 50%，再根据需要按"["与"]"键调整画笔的直径（即大小），然后在画面中绘制草丛、树丛与船的暗部，绘制后的效果如图 13-8 所示。

6 设置前景色为#cf8b3a，再按"]"键将画笔直径放大，然后在画面中绘制出天空、水面与树丛、草丛的颜色，绘制好后的效果如图 13-9 所示。

图 13-7　绘制出地面与方木暗面　　图 13-8　绘制草丛、树丛与船的暗　　图 13-9　绘制天空、水面与树丛、
　　　　　颜色　　　　　　　　　　　　　　部　　　　　　　　　　　　　　草丛的颜色

7 切换前景与背景色，设置前景色为#a5b19c，按"["键缩小画笔，然后在画面中的船

身上绘制船面颜色，绘制后的效果如图 13-10 所示。

8　设置前景色为#909c88，继续使用画笔工具绘制船面颜色，绘制好后的效果如图 13-11 所示。

9　设置前景色为# 394530，使用画笔工具绘制出方木的亮面颜色，如图 13-12 所示。

图 13-10　绘制船面颜色　　　　图 13-11　绘制船面颜色　　　　图 13-12　绘制出方木的亮面颜色

10　设置前景色为# e09e4d，使用画笔工具在画面中绘制出方木上的环境色与石头颜色，如图 13-13 所示。

11　在【图层】面板中激活图层 2，再新建一个图层，如图 13-14 所示，设置前景色为 # 090901，根据需要在选项栏中设置不同的不透明度，然后在画面中绘制出比较暗的颜色，如图 13-15 所示。

图 13-13　绘制方木上的环境色与　　　图 13-14　【图层】面板　　　图 13-15　在画面中绘制出比较暗
　　　　　　石头颜色　　　　　　　　　　　　　　　　　　　　　　　　　　　的颜色

12　在【图层】面板中激活图层 2，再新建一个图层，如图 13-16 所示，设置前景色为 # fcb96a，在选项栏中设置【画笔】为 ，【不透明度】为 83%，然后在画面中绘制出树叶，如图 13-17 所示。

13　先后设置前景色为# ce8227 与# b6711f，在画面中绘制出较暗一点的树叶，如图 13-18、图 13-19 所示。

图 13-16 【图层】面板

图 13-17 绘制出树叶

图 13-18 绘制出较暗一点的树叶

14 设置前景色为# 7d4e17，使用画笔工具在画面中绘制比较暗的树叶，如图 13-20 所示。

15 在【图层】面板中激活图层 1，再新建图层 5，如图 13-21 所示，使用画笔工具在画面中继续绘制树叶，如图 13-22 所示。

图 13-19 绘制出较暗一点的树叶

图 13-20 绘制比较暗的树叶

图 13-21 【图层】面板

16 先后设置前景色为# cd8733 与# ffb55d，使用画笔工具在画面中继续绘制树叶，绘制后的效果如图 13-23 所示。

17 在画笔工具的选项栏中选择所需的画笔笔尖，如图 13-24 所示，按“[”键将画笔缩小至需要的大小，然后在画面中绘制出枫叶，如图 13-25 所示。

图 13-22 绘制树叶

图 13-23 绘制树叶

图 13-24 画笔工具选项栏

18 在【图层】面板中先激活图层 4，再新建图层 6，如图 13-26 所示，然后在画面中继续绘制枫叶，如图 13-27 所示。

图 13-25 绘制枫叶

图 13-26 【图层】面板

图 13-27 绘制枫叶

19 设置背景色为 # fcd775，在选项栏中设置【画笔】为 ，按 "[" 键将画笔缩小至所需的大小，然后在画面中绘制出一些草，如图 13-28 所示。

20 切换前景色与背景色，再设置前景色为 # b68929，然后在画面中绘制出一些颜色较暗的草，如图 13-29 所示。

21 设置前景色为 # ffe09c，使用画笔工具在画面中绘制出一些较亮的草，如图 13-30 所示。

图 13-28 绘制出一些草

图 13-29 绘制出一些颜色较暗的草

图 13-30 绘制出一些较亮的草

22 设置所需的前景色与背景色，继续绘制出草丛的高亮部与阴影部，绘制好后的效果如图 13-31 所示。

23 设置前景色为 # 7e5c14，选择 多边形套索工具，在选项栏中选择 按钮并设置【羽化】为 2 像素，然后在画面中勾选出方木的亮面，如图 13-32 所示。

24 在工具箱中选择画笔工具，在选项栏中设置【画笔】为 ，【不透明度】为 20%，然后在画面中选区内绘制木纹，绘制后的效果如图 13-33 所示。

25 设置前景色为 # 49412e，在选项栏中设置【不透明度】为 10%，同样在选区内绘制木纹，绘制后的效果如图 13-34 所示。

图 13-31　绘制出草丛的高亮
部与阴影部

图 13-32　勾选出方木的亮面

图 13-33　绘制木纹

26 在【图层】面板中先激活图层 3，再新建一个图层为图层 7，如图 13-35 所示，然后在画笔工具的选项栏中设置【不透明度】为 40%，在画面中选区内绘制木纹，绘制后的效果如图 13-36 所示。

图 13-34　绘制木纹

图 13-35　【图层】面板

图 13-36　绘制木纹

27 设置前景色为#917d52，使用不透明度为 20%的画笔工具在选区内绘制木纹，绘制后的效果如图 13-37 所示。

28 设置较深一点的颜色，然后使用画笔工具在选区中绘制出一些较深的纹理，绘制好后的效果如图 13-38 所示。

图 13-37　绘制木纹

图 13-38　绘制出一些较深的纹理

29 取消选择后使用多边形套索工具在画面中勾选出较暗的区域,如图 13-39 所示,然后使用绘制方木亮面同样的方法来绘制暗面,只是所设置的颜色很暗而已,绘制好后的效果如图 13-40 所示。

图 13-39　勾选出较暗的区域

图 13-40　绘制方木暗面

30 取消选择后使用画笔工具绘制另外几块方木的纹理,绘制好后的效果如图 13-41 所示。

31 使用多边形套索工具在画面中勾选出表示地面与石头的区域,如图 13-42 所示,再设置前景色为# 020300,然后使用画笔工具在画面中绘制颜色较深的地方,绘制后的效果如图 13-43 所示。

图 13-41　绘制方木的纹理

图 13-42　勾选出表示地面与石头的区域

32 分别设置前景色为# 5d460f 与# 291e03,在画笔工具的选项栏中设置【不透明度】为40%,然后在画面中绘制出地面中颜色较亮的部分,绘制后的效果如图 13-44 所示。

图 13-43　绘制颜色较深的地方

图 13-44　绘制出地面中颜色较亮的部分

33 分别设置前景色为# 57410d、# ba9b50 与# 6e5416,使用画笔工具并根据需要设置不透明度,在画面中绘制出一些杂乱东西表示地面的复杂性,绘制后的效果如图 13-45 所示。

34 设置前景色为# 485042,使用画笔工具继续对地面进行绘制,绘制后的效果如图 13-46 所示。

图 13-45 绘制出一些杂乱东西

图 13-46 对地面进行绘制

35 分别设置前景色为# 182012 与# 060b02，在选项栏中设置【不透明度】为50%，使用画笔工具继续对地面进行绘制，绘制后的效果如图 13-47 所示。

36 切换前景与背景色，在选项栏中设置【不透明度】分别为 50% 与 20%，使用画笔工具继续对地面进行绘制，绘制后的效果如图 13-48 所示。

图 13-47 对地面进行绘制

图 13-48 对地面进行绘制

37 在【滤镜】菜单中执行【杂色】→【添加杂色】命令，弹出【添加杂色】对话框，在其中设置【分布】为平均分布，【数量】为 8%，勾选【单色】选项，如图 13-49 所示，设置好后单击【确定】按钮，即可向选区中添加一些杂色，如图 13-50 所示。

图 13-49 【添加杂色】对话框

图 13-50 【添加杂色】后的效果

38 在【编辑】菜单中执行【渐隐添加杂色】命令，弹出【渐隐】对话框，在其中设置【不透明度】为 50%，【模式】为溶解，如图 13-51 所示，设置好后单击【确定】按钮，消除一些杂色，结果如图 13-52 所示，再按"Ctrl"
+ "D"键取消选择。

图 13-51　【渐隐】对话框

图 13-52　【渐隐】后的效果

39 使用多边形套索工具在画面中勾选出船身，如图 13-53 所示，再使用吸管工具在画面
中吸取所需的颜色，如图 13-54 所示。

图 13-53　勾选出船身

图 13-54　在船身吸取颜色

40 在画笔工具的选项栏中先后设置【不透明度】为 20% 与 60%，然后在画面中的选区
内绘制船身结构，绘制后的效果如图 13-55 所示。

41 设置前景色为 # 666d5f，在画笔工具的选项栏中分别设置【不透明度】为 40%、20%，
再在画面中的选区内绘制船身结构，绘制后的效果如图 13-56 所示。

图 13-55　绘制船身结构

图 13-56　绘制船身结构

42 设置前景色为 # 3a4035，先使用不透明度为 60% 的画笔绘制交界线，再使用不透明度
为 20% 的画笔进行绘制，绘制后的效果如图 13-57 所示。

43 使用吸管工具吸取所需的颜色并设置较深的颜色，然后根据需要设置不透明度，对
船进行绘制，以绘制出船身的精细结构，绘制后的效果如图 13-58 所示。

图 13-57　绘制船身结构

图 13-58　绘制出船身的精细结构

44 按"Ctrl"+"D"键取消选择，在工具箱中选择 涂抹工具，在选项栏中设置【强度】为 50%，然后在画面中对船身上过渡不平滑的地方进行涂抹，将其颜色与周围颜色融合，绘制后的效果如图 13-59 所示。

45 在工具箱中选择 移动工具，在选项栏中选择【自动选择】选项，再在其后列表中选择图层，接着在画面中单击要修改的对象，如图 13-60 所示，按"Ctrl"+"+"键将放大画面，使用涂抹工具继续对要模糊的地方进行涂抹，涂抹后的效果如图 13-61 所示。

图 13-59　对船身进行涂抹

图 13-60　选择要修改的对象

46 按"B"键选择画笔工具，在选项栏中设置【不透明度】为 20%，对船身另一边进行绘制，以将其颜色加深，如图 13-62 所示。

图 13-61　对要模糊的地方进行涂抹

图 13-62　对船身另一边进行绘制

47 按"Ctrl"键在画面中单击要修改的地方，选择它所在的图层，如图 13-63 所示，再选择 涂抹工具，然后在画面中对过渡不平滑的地方进行涂抹，将其颜色融合到其他颜色中，涂抹后的效果如图 13-64 所示。

图 13-63 选择修改的图层

图 13-64 对过渡不平滑的地方进行涂抹

48 设置前景色为# 0b0601，在【图层】面板中新建一个图层，如图 13-65 所示，然后在画面中需要加深颜色的地方进行绘制，将其颜色加深，绘制后的效果如图 13-66 所示。

49 在【图层】面板中设置其【不透明度】为 50%，【混合模式】为正片叠底，如图 13-67 所示，得到如图 13-68 所示的效果。

图 13-65 【图层】面板

图 13-66 在需要加深颜色的地方进行绘制

图 13-67 【图层】面板

50 在【图层】面板中激活图层 1，如图 13-69 所示，再选择橡皮擦工具，在选项栏中设置【不透明度】为 100%，然后在画面中将不需要的线条擦除，擦除后的效果如图 13-70 所示。

图 13-68 设置【不透明度】与【混合模式】后的效果

图 13-69 【图层】面板

图 13-70 将不需要的线条擦除

51 在工具箱中选择 涂抹工具，在选项栏中设置【画笔】为 ，再在画面中对地面中的一些线条进行涂抹，使其杂乱无章，涂抹后的效果如图 13-71 所示。

52 按"Ctrl"键在画面中单击要修改的对象，以选择它所在的图层，如图 13-72 所示，再按"E"键选择 橡皮擦工具，在选项栏中设置【不透明度】为 56%，然后在画面中将船身上不需要的树叶擦除，擦除后的效果如图 13-73 所示。

图 13-71 对地面中的一些线条进行涂抹

图 13-72 选择要修改的对象

图 13-73 将船身上不需的树叶擦除

53 按"I"键选择吸管工具，在画面中所需的颜色上单击吸取该颜色，如图 13-74 所示，接着按"B"键选择画笔工具，在选项栏中设置【不透明度】为 10%，然后在画面中船身上绘制出高光区域，绘制后的效果如图 13-75 所示。

图 13-74 在画面中吸取颜色

图 13-75 绘制船身高光区域

54 按"Ctrl"键在画面中单击要修改的地方，选择它所在的图层，如图 13-76 所示。按"E"键选择橡皮擦工具，再在画面中将不需要的部分擦除，擦除后的效果如图 13-77 所示。

55 在【图层】面板中激活图层 2，如图 13-78，在工具箱中选择涂抹工具，然后在画面中表示水面与天空相交的地方涂抹出水面效果，如图 13-79 所示。

56 按"I"键选择吸管工具，在画面中吸取所需的颜色，如图 13-80 所示，在涂抹工具的选项栏中设置【强度】为 80%，勾选【手指绘画】选项，然后在画面中的天空中涂抹出云彩效果，涂抹后的效果如图 13-81 所示。

图 13-76　选择要修改的对象

图 13-77　将不需要的部分擦除

图 13-78　【图层】面板

图 13-79　在水面与天空相交的地方进行涂抹

图 13-80　在画面中吸取颜色

图 13-81　涂抹出云彩效果

57 在选项栏中取消【手指绘画】的勾选，然后在画面中对绘制的对象进行涂抹，使它融合到画面中，涂抹后的效果如图 13-82 所示。

58 在选项栏中勾选【手指绘画】选项，然后在画面中绘制云彩效果，绘制后的效果如图 13-83 所示。

59 按"Ctrl"键在画面中单击要修改的对象，选择该对象所在图层，如图 13-84 所示，再选择橡皮擦工具，在选项栏中设置【不透明度】为 56%，然后在画面中将不需要的部分擦除，擦除后的效果如图 13-85 所示。风景画就绘制完成了。

图 13-82 对绘制的对象进行涂抹

图 13-83 继续绘制云彩效果

图 13-84 选择要修改的对象

图 13-85 风景画最终效果图

13.2 知识延伸

13.2.1 什么是色彩

色彩是很微妙的东西，它们本身的独特表现力可以用来产生出一种刺激人们大脑中对某种形式存在的物体的共鸣，展现出对待生活中的新的看法与态度，扩大了我们创作的想象空间，赋予了创作新的不定性。

色彩可分为无彩色与有彩色两大类。无彩色包括黑、白、灰，如图 13-86所示。有彩色包括红、橙、黄、绿、蓝、紫等彩色，如图 13-87 所示。

图 13-86 无彩色——黑、白、灰

图 13-87 有彩色——红、橙、黄、绿、蓝、紫等彩色

有彩色就是其具备光谱上的某种或某些色相,统称为彩调。与此相反,无彩色没有彩调。

无彩色有明有暗,表现为白与黑,也称为色调。有彩色表现很复杂,但可以用 3 组特征值来确定。第一组是彩调,也就是色相;第二组是明暗,也就是明度;第三组是色彩强度,也就是纯度、彩度。明度、色相、强度确定色彩的状态,称为色彩的三属性。明度与色相合并为二线的色彩状态,称为色调。

1. 色相

也叫色调,指颜色的种类和名称,是一种颜色区别于其他颜色的因素,如红、橙、黄、绿、青、蓝、紫等,如图 13-88 所示。色相和色彩的强弱及明暗没有关系,只是纯粹表示色彩相貌的差异。

图 13-88 颜色的色相

2. 明度

也叫亮度,就是人们所感知到的色彩的明暗程度,没有色相和饱和度的区别。不同的颜色,反射的光量强弱不一,因而会产生不同程度的明暗,如图 13-89 所示。

3. 纯度

也叫饱和度,是指色彩的鲜艳程度。如果某一种颜色不含白色或黑色,则它就是原色,原色彩度最高。如某一鲜亮的颜色,由于加入了白色或者黑色,因而纯度就会变低,如图 13-90 所示。

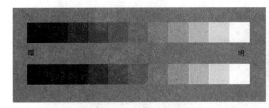

图 13-89 颜色的明度

图 13-90 颜色的纯度

在生活中所见的色彩都是由三种色光或三种颜色组成,由于它们本身不能再拆分出其他

的颜色成分，因此被称为三原色。而三原色由于表色介质不同被分为色光三原色和色料三原色。色光三原色为红色（Red 简称 R）、绿色（Green 简称 G）、蓝色（Blue 简称 B）。色料三原色为黄（Yellow 简称 Y）、品红（Magenta 简称 M）、青（Cyan 简称 C）。

原色是指某种表色体系的基本颜色，即由它们可以匹配出成千上万种颜色。作为原色的颜色是有一定要求的，并不是任何一种颜色都能称作原色。作为原色的条件是：

（1）原色是不能互相之间匹配的。例如，青不能由黄和品红混合而成。

（2）原色的不同比例的混合能再现许许多多的其他颜色。

将红色（Red）、绿色（Green）、蓝色（Blue）三种颜色等量混合，可以混合出白色，如图 13-91 所示。

将黄（Yellow）、品红（Magenta）、青（Cyan）三种颜色等量混合，可以混合出黑色，如图 13-92 所示。

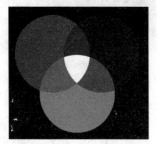

图 13-91　将红色、绿色、蓝色三种颜色等量混合的结果

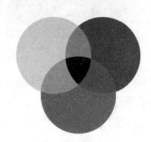

图 13-92　将黄、品红、青三种颜色等量混合的结果

13.2.2　色彩的视觉原理

色彩的视觉原理包括的内容有光与色、物体色和显示器色彩等。

1. 光与色

光色并存，有光才有色。色彩感觉离不开光。有了光我们就可以看到世间的事物了，而且还能通过颜色或形状来区分它们，如图 13-93 所示。没有光什么也看不见，更别谈什么颜色了。

图 13-93　光与色的对比

2. 光与可见光谱

光在物理学上是一种电磁波。从 0.39 微米到 0.77 微米波长之间的电磁波，才能引起人们的色彩视觉感受，此范围称为可见光谱，如图 13-94 所示。波长大于 0.77 微米的光线称为红外线，波长小于 0.39 光线称为紫外线。当波长为 0.77~0.622 微米时感觉为红色；波长为 0.622~0.597 微米时感觉为橙色；波长为 0.597~0.577 微米时感觉为黄色；波长为 0.577~0.492 微米时感觉为绿色；波长为 0.492~0.455 微米时为蓝靛色；波长为 0.455~0.39 微米时为紫色。

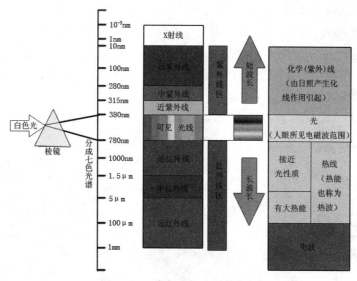

图 13-94　光与可见光谱的分析

提示

nm 即纳米，1 纳米=1 毫微米（即十亿分之一米）。

可见光是电磁波谱中人眼可以感知的部分，可见光谱没有精确的范围。一般人的眼睛可以感知的电磁波的波长在 400~700 纳米之间，但还有一些人能够感知到波长大约在 380~780 纳米之间的电磁波。正常视力的人眼对波长约为 555 纳米的电磁波最为敏感，这种电磁波处于光学频谱的绿光区域。

人眼可以看见的光的范围受大气层影响。大气层对于大部分的电磁波辐射来讲都是不透明的，只有可见光波段和其他少数如无线电通讯波段等例外。不少其他生物能看见的光波范围跟人类不一样，例如包括蜜蜂在内的一些昆虫能看见紫外线波段，对于寻找花蜜有很大帮助。

3. 光的传播

光是以波动的形式进行直线传播的，具有波长和振幅两个因素。不同的波长长短产生色相差别。不同的振幅强弱大小产生同一色相的明暗差别。光在传播时有直射、反射、透射、漫射、折射等多种形式。光直射时直接传入人眼，视觉感受到的是光源色。当光源照射物体时，光从物体表面反射出来，人眼感受到的是物体表面色彩。当光照射时，如遇玻璃之类的透明物体，人眼看到是透过物体的穿透色。光在传播过程中，受到物体的干涉时，则产生漫射，对物体的表面色有一定影响。如通过不同物体时产生方向变化，称为折射，反映至人眼的色光与物体色相同。

4. 物体色

自然界的物体五花八门、变化万千，它们本身虽然大都不会发光，但都具有选择性地吸收、反射、透射色光的特性。当然，任何物体对色光不可能全部吸收或反射，因此，实际上不存在绝对的黑色或白色。

常见的黑、白、灰物体色中，白色物体的反射率是 64%～92.3%；灰色物体的反射率是10%～64%；黑色物体的吸收率是90%以上。

物体对色光的吸收、反射或透射能力，受物体表面肌理状态的影响，表面光滑、平整、细腻的物体，对色光的反射较强，如镜子、丝绸织物、磨光石面等，如图 13-95 所示。表面凹凸、粗糙、疏松的物体，易使光线产生漫射现象，故对色光的反射较弱，如海绵、呢绒、毛玻璃等，如图 13-96 所示。

图 13-95　对色光反射较强的物体

图 13-96　对色光的反射较弱的物体

物体对色光的吸收与反射能力虽是固定不变的，但是物体的表面色会随着光源色的不同而改变，有时甚至失去其原有的色相感觉。所谓的物体"固有色"，实际上不过是常光下人们对此的习惯而已。如在闪烁强烈的各色霓虹灯光下，所有建筑及人物的服色几乎都失去了原有本色而显得奇异莫测。另外，光照的强度及角度对物体色也有影响。如图 13-97 所示为灯光中的景色与物品。

图 13-97　灯光中的景色与物品

5. 显示器色彩

了解了物体的色彩是对色光反射的结果，那么计算机显示器的色彩又是如何产生的呢？传统的彩色显示器（CRT 显示器）产生色彩的方式类似于大自然中的发光体。CRT 显示器是目前应用最广泛的显示器之一，CRT 纯平显示器具有可视角度大、无坏点、色彩还原度高、色度均匀、可调节的多分辨率模式、响应时间极短等 LCD 显示器(液晶显示器)难以超过的优点，而且现在的 CRT 显示器价格要比 LCD 显示器便宜不少。

在显示器内部有和电视机一样的显像管，当显像管内的电子枪发射出的电子流打在荧光屏内侧的磷光片上时，磷光片就产生发光效应。三种不同性质的磷光片分别发出红、绿、蓝三种光波，计算机程序量化地控制电子束强度，由此精确控制各个磷光发射光波的波长，再经过合成叠加，就模拟出自然界中的各种色光。如图 13-98 所示为显示器的色彩。

图 13-98　显示器的色彩

13.2.3　擦除图像

在 Photoshop 中提供了 3 种擦除图像的工具，分别是 ▨橡皮擦工具、▨背景橡皮擦工具和▨魔术橡皮擦工具。

橡皮擦和魔术橡皮擦工具可将图像区域抹成透明或背景色。背景橡皮擦工具可将图层抹成透明。

1. 橡皮擦工具

使用橡皮擦工具在背景层或在透明被锁定的图层中工作时，相当于用背景色进行绘画，如果在图层上进行操作时，则擦除过的地方为透明或半透明。还可以使用橡皮擦工具使受影响的区域返回到【历史记录】面板中选中的状态。

上机实战 使用橡皮擦工具处理图像

1 打开一个要处理的图像，该图像只有一个背景层。

2 在工具箱中选择 橡皮擦工具，选项栏中就会显示它的相关选项，在其中根据需要设置参数，如图 13-99 所示。

图 13-99　橡皮擦工具选项栏

3 在画面中需要擦除的地方进行涂抹，即可将涂抹过的地方设为背景色，如图 13-100 所示。

图 13-100　用橡皮擦工具涂抹的对比效果

提示

如果有多个图层，并且在背景层外的图层上进行擦除时，则会将其涂抹过的像素擦除。

橡皮擦工具选项栏中的选项说明如下：

- 模式：在【模式】下拉列表中可以选择橡皮擦工具的擦除方式，包括画笔、铅笔与块。
  - ➢ 画笔：可以在图像中擦出柔边效果。
  - ➢ 铅笔：可以在图像中擦出硬边效果。
  - ➢ 块：可以使用方块画笔笔尖对图像进行擦除。
- 抹到历史记录：如果要抹除到图像的已存储状态或快照，可以在【历史记录】面板中单击所需的状态或快照的前面的列，然后在选项栏中勾选【抹到历史记录】选项。

2. 背景橡皮擦工具

背景橡皮擦工具采集画笔中心（也称为热点）的色样，并删除在画笔内的任何位置出现的该颜色。也就是说，使用它可以进行选择性的擦除，它还可以在任何前景对象的边缘采集颜色。

提示

背景橡皮擦覆盖图层的锁定透明设置。

 上机实战 使用背景橡皮擦工具处理图像

1 从配套光盘的素材库中打开一个要处理的图像，如图 13-101 所示。

2 在工具箱中选择 背景橡皮擦工具，选项栏中就会显示它的相关选项，在其中根据

需要设置参数,如图 13-102 所示,然后在画面中需要擦除的地方进行涂抹,即可将涂抹过的像素擦除,如图 13-103 所示。

图 13-101　打开的图像

图 13-102　背景橡皮擦工具选项栏

图 13-103　用背景橡皮擦工具涂抹后的效果

背景橡皮擦工具选项栏中的选项说明如下:

- ◢ (取样:连续):选择它时可随着拖移连续采取色样。
- ◢ (取样:一次):选择它时只抹除包含第一次单击的颜色的区域。
- ◢ (取样:背景色板):选择它时只抹除包含当前背景色的区域。
- 限制:在【限制】下拉列表中可选取抹除的限制模式。
  - ➢ 不连续:抹除出现在画笔下任何位置的样本颜色。
  - ➢ 连续:抹除包含样本颜色并且相互连接的区域。
  - ➢ 查找边缘:抹除包含样本颜色的连接区域,同时更好地保留形状边缘的锐化程度。
- 容差:低容差仅限于抹除与样本颜色非常相似的区域。高容差抹除范围更广的颜色
- 保护前景色:勾选它可防止抹除与工具箱中的前景色匹配的区域。

3. 魔术橡皮擦工具

使用魔术橡皮擦工具在图层中需要擦除(或更改)的颜色范围内单击,它会自动擦除(或更改)所有相似的像素。如果用户是在背景中或是在锁定了透明的图层中工作,像素会更改为背景色,否则像素会抹为透明。可以通过勾选与不勾选【连续】复选框决定在当前图层上是只抹除邻近的像素,还是要抹除所有相似的像素。

 上机实战　使用魔术橡皮擦工具处理图像

1　从配套光盘的素材库中打开一个要处理的图像,如图 13-104 所示。

2　在工具箱中选择▨魔术橡皮擦工具,选项栏中就会显示它的相关选项,在其中根据需要设置参数,如图 13-105 所示,然后在画面中需要擦除的地方单击,即可将与单击处颜色相近或相同的像素擦除,如图 13-106 所示。

魔术橡皮擦工具选项栏中的选项说明如下:

- 连续:勾选该选项时只抹除与单击像素邻近的像素,取消选择则抹除图像中的所有相似像素。
- 对所有图层取样:勾选该选项可以利用所有可见图层中的组合数据采集抹除色样。

图 13-104　打开的图像

图 13-105　魔术橡皮擦工具选项栏

图 13-106　用魔术橡皮擦工具单击后的效果

13.2.4　涂抹工具

涂抹工具可以模拟在湿颜料中拖移手指的绘画效果，如图 13-107 所示，也就是说它可拾取描边开始位置的颜色，并沿拖移的方向展开这种颜色。

图 13-107　用手指绘画的对比效果

在工具箱中选择 涂抹工具，选项栏中就会显示它的相关选项，如图 13-108 所示。

图 13-108　涂抹工具选项栏

选择【手指绘画】选项可在起点描边处使用前景色进行涂抹。如果不勾选【手指绘画】选项，涂抹工具会在起点描边处使用指针所指的颜色进行涂抹。

13.2.5　吸管工具

吸管工具可在图像或调色板中拾取所需要的颜色，并将它设置为前景色或背景色。

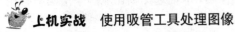　**上机实战**　使用吸管工具处理图像

1　在工具箱中选择 吸管工具，在选项栏上会显示它的相应选项，如图 13-109 所示。

吸管工具选项栏中的选项说明如下：

● 取样大小：默认状态下仅拾取光标下 1 个像素的颜色，也可选择 3×3 平均、5×5 平均、11×11 平均或 31×31 平均…101×101 平均，这样就可拾取 3×3 平均、5×5 平均、11×11 平均或 31×31 平均…101×101 平均个像素的颜色的平均值。

● 样本：在其列表中可以选择所有图层或当前图层，选择所有图层则对所有图层取样，如果选择当前图层，则只对当前图层取样。

2 在图像上需要吸取颜色的地方单击，如图 13-110 所示，即可将吸取的颜色设置为前景色。在【颜色】面板中单击同样可设置前景色，如图 13-111 所示。按"Alt"键，则吸取的颜色将作为背景色，如图 13-112 所示。

图 13-109 吸管工具选项栏

图 13-110 吸取颜色

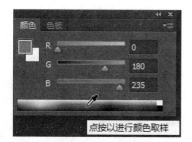

图 13-111 【颜色】面板

图 13-112 吸取颜色

13.2.6 颜色取样器工具

利用颜色取样器工具最多可以定义 4 个取样点的颜色信息，并且将颜色信息存储在【信息】面板中，如图 13-113 所示。

可以在要移动的取样点上按下左键拖动来改变取样点的位置。如果想要删除取样点，可在其上右击弹出如图 13-114 所示的快捷菜单，在其中选择【删除】命令。也可以选择其他几个命令来改变该取样点的颜色模式。

图 13-113　颜色信息存储在【信息】面板中

图 13-114　选择【删除】命令

13.3　思考与练习

一、填空题

1. 橡皮擦和魔术橡皮擦工具可将图像区域抹成＿＿＿＿＿＿或＿＿＿＿＿＿。背景橡皮擦工具可将图层抹成＿＿＿＿＿＿＿＿＿。

2. 吸管工具可在＿＿＿＿＿＿或＿＿＿＿＿＿中拾取所需要的颜色，并将它设置为前景色或背景色。

二、小试牛刀——风景画

根据本章所学内容绘制出如图 13-115 所示的山水风景画，操作流程图如图 13-116 所示。

图 13-115　绘制的山水风景画

图 13-116　操作流程图

第 14 章　综合实训——特效设计

14.1　文字特效设计

14.1.1　方格字

本实例主要介绍使用 Photoshop CC 中的【马赛克】命令、图层样式、亮度/对比度等工具与功能来制作方格字的方法。实例效果如图 14-1 所示。

图 14-1　实例效果

操作步骤

1　按"Ctrl"＋"O"键从光盘的素材库中打开要添加效果的文件，如图 14-2 所示。

2　从光盘的素材库中打开一张图片，如图 14-3 所示，然后使用移动工具或按"Ctrl"键将它拖到打开的有文字的文件中，并成为图层 1。

图 14-2　打开的文件

图 14-3　打开的文件

3　在菜单中执行【滤镜】→【像素化】→【马赛克】命令，弹出如图 14-4 所示的对话框，在其中设置【单元格大小】为 23，单击【确定】按钮，得到如图 14-5 所示的效果。

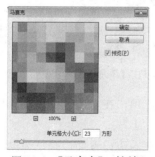

图 14-4　【马赛克】对话框

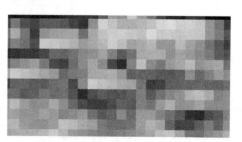

图 14-5　执行【马赛克】后的效果

4 按"Ctrl"键在【图层】面板中单击 Best 图层的图层缩览图，如图 14-6 所示，得到如图 14-7 所示的选区。

图 14-6 【图层】面板

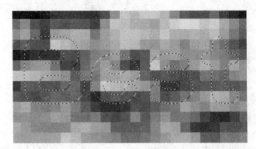

图 14-7 载入的选区

5 按"Ctrl"+"Shift"+"I"键执行【反选】命令，将选区反选，如图 14-8 所示。

6 按"Delete"键删除选区内容，再按"Ctrl"+"D"键取消选择，结果如图 14-9 所示。

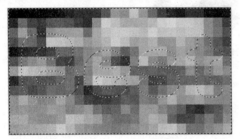

图 14-8 将选区反选

图 14-9 删除选区内容后的效果

7 在【图层】面板中单击左下角的 ![fx] （添加图层样式）按钮，在弹出的菜单中选择【投影】选项，弹出【图层样式】对话框，并在其右边进行设置，具体参数如图 14-10 所示，此时的画面效果如图 14-11 所示。

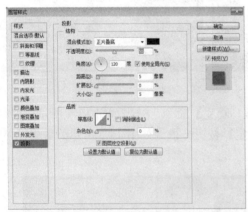

图 14-10 【图层样式】对话框

图 14-11 【添加图层样式】后的效果

8 在【图层样式】对话框左边单击【斜面和浮雕】选项，在右边进行设置，具体参数如图 14-12 所示，此时的画面效果如图 14-13 所示。

9 在【图层样式】对话框左边单击【描边】选项，在右边设置描边颜色为黑色，其他具体参数如图 14-14 所示，单击【确定】按钮，得到如图 14-15 所示的效果。

图 14-12　【图层样式】对话框

图 14-13　【添加图层样式】后的效果

图 14-14　【图层样式】对话框

图 14-15　【添加图层样式】后的效果

10 在菜单中执行【图像】→【调整】→【亮度/对比度】命令，弹出如图 14-16 所示的对话框，在其中设置【亮度】为-82，【对比度】为 100，单击【确定】按钮，得到如图 14-17 所示的结果。

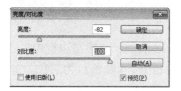

图 14-16　【亮度/对比度】对话框

图 14-17　执行【亮度/对比度】后的效果

14.1.2　穿透效果

本实例主要介绍使用 Photoshop CC 中的横排文字蒙版工具、通过复制的图层、图层样式等工具与功能制作穿透效果文字的方法。实例效果如图 14-18 所示。

图 14-18　实例效果

📖 **操作步骤**

1 按 "Ctrl" + "O" 键从配套光盘的素材库中打开一个图像文件，如图 14-19 所示。

2 在工具箱中选择 T 横排文字蒙版工具，在画面中单击并输入 "现代花园" 文字，选择文字后在【字符】面板中设置【字体】为文鼎花瓣体，【字体大小】为 140 点，【垂直缩放】为 150%，如图 14-20 所示，并将文字移动到适当位置，如图 14-21 所示，然后在选项栏中单击 ✓ 按钮，或在工具箱中单击其他工具，确认文字输入，即可得到如图 14-22 所示的文字选区。

　　　　图 14-19　打开的文件　　　　　　　　　　　图 14-20　【字符】面板

3 按 "Ctrl" + "J" 键新建一个通过复制的图层，如图 14-23 所示，画面效果并看不到有什么变化，只是画面中的选区被取消选择。

　　图 14-21　移动文字　　　　　　图 14-22　文字选区　　　　　图 14-23　【图层】面板

4 在【图层】面板中双击图层 1，弹出【图层样式】对话框，在其左边栏中单击【描边】选项，再在右边栏中设置【大小】为 2 像素，【位置】为居中，【颜色】为黑色，如图 14-24 所示，将对话框移开，即可看到画面效果，如图 14-25 所示。

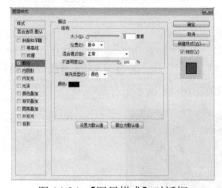

　　图 14-24　【图层样式】对话框　　　　　　图 14-25　【添加图层样式】后的效果

5 在【图层样式】对话框的左边栏中勾选【内发光】、【斜面和浮雕】选项，再单击【投影】选项，然后在右边栏中设置【角度】为 130 度，【距离】为 8 像素，【大小】为 10 像素，如图 14-26 所示，设置好后的画面效果如图 14-27 所示。

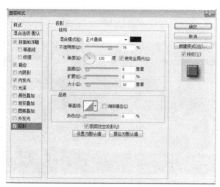

图 14-26　【图层样式】对话框

图 14-27　【添加图层样式】后的效果

　　6　在【图层样式】对话框的左边栏中单击【外发光】选项，然后在右边栏中设置【大小】为 32 像素，如图 14-28 所示，其他参数不变，设置好后单击【确定】按钮，即可得到如图 14-29 所示的效果。

图 14-28　【图层样式】对话框

图 14-29　【添加图层样式】后的效果

14.1.3　玻璃特效字

　　本实例主要介绍使用 Photoshop CC 中的横排文字蒙版工具、通过复制的图层、图层样式、添加图层蒙版、使图层载入选区等工具与功能制作特效文字的方法。实例效果如图 14-30 所示。

图 14-30　实例效果

操作步骤

　　1　按"Ctrl"＋"O"键从配套光盘的素材库中打开一个图像文件，如图 14-31 所示。
　　2　在工具箱中选择 横排文字蒙版工具，移动指针到画面的适当位置单击，在显示一闪一闪的光标后，在选项栏中设置【字体】与【字体大小】为 文鼎中特广…　60点 ，然

后输入所需的文字，输入好文字后单击✓按钮，确认文字输入，如图 14-32、图 14-33 所示。

图 14-31 打开的文件

图 14-32 选择文字

3 按"Ctrl"+"J"键新建一个通过复制的图层，其【图层】面板如图 14-34 所示，画面中的文字选区自动取消选择。

图 14-33 文字选区

图 14-34 【图层】面板

4 显示【样式】面板，在其中单击█按钮，在弹出的菜单中选择 Web 样式，如图 14-35 所示，再在其中单击所需的样式，如图 14-36 所示，即可得到如图 14-37 所示的效果。

图 14-35 【样式】面板

图 14-36 【样式】面板

5 在【图层】面板中单击效果层中的【投影】眼睛图标，使它不可见，以隐藏文字效果中的投影，如图 14-38 所示。

图 14-37 添加【样式】后的效果

图 14-38 隐藏投影效果

6 在【图层】面板中拖动背景层到【创建新图层】按钮上，当指针呈凹下状态时松开左键，即可复制一个副本图层，如图 14-39 所示，接着在【图层】面板中折叠效果层，再将该背景复制图层拖动到图层 1 的上面，如图 14-40 所示。

图 14-39　【图层】面板

图 14-40　调整图层

7 按"Ctrl"键在【图层】面板中单击图层 1 的缩览图，如图 14-41 所示，使图层 1 载入选区，画面效果如图 14-42 所示。

图 14-41　【图层】面板

图 14-42　使图层 1 载入选区

8 在【图层】面板中单击 （添加图层蒙版）按钮，给背景复制添加图层蒙版，再设置它的混合模式为线性减淡，如图 14-43 所示，即可得到需要的效果，如图 14-44 所示。

图 14-43　【图层】面板

图 14-44　【添加图层蒙版】后的效果

14.1.4　制作喜庆特效文字

本实例主要介绍使用 Photoshop CC 中的新建、 渐变工具、创建新图层、自定形状工具、载入选区、移动工具、复制图层、矩形选框工具、取消选择、混合模式、横排文字工具、图层样式、复制图层样式、粘贴图层样式、画笔工具、自由变换、水平翻转等工具与功能制作特效文字的方法。实例效果如图 14-45 所示。

图 14-45　实例效果

操作步骤

　　1　按"Ctrl"+"N"键弹出【新建】对话框，在其中设置【大小】为 600×300 像素、【分辨率】为 100 像素/英寸、【颜色模式】为 RGB 颜色、【背景内容】为白色的文件。

　　2　在工具箱中设置前景色为#ff0024，背景色为#790505，选择■渐变工具，在选项栏中选择■（径向渐变）按钮，在渐变拾色器中选择前景色到背景色渐变，其他为默认值，再从画面中适当的位置按下左键向画布外拖动，给画布进行渐变填充，如图 14-46 所示。

　　3　在【图层】面板中单击■（创建新图层）按钮，新建图层 1，如图 14-47 所示，在工具箱中选择■自定形状工具，在选项栏中选择■■■■像素，在【形状】面板中选择■■■，然后在画面的左上角绘制出该图形，如图 14-48 所示。

图 14-46　进行渐变填充

图 14-47　【图层】面板

　　4　按"Ctrl"键在【图层】面板中单击图层 1 的图层缩览图，如图 14-49 所示，使图层 1 载入选区，结果如图 14-50 所示。载入选区的目的是为了在同一图层内进行复制。

图 14-48　绘制图形

图 14-49　【图层】面板

图 14-50　使图层 1 载入选区

　　5　在工具箱中选择■移动工具，在键盘按"Alt"+"Shift"键将选区内容向右拖动并复制一个副本，如图 14-51 所示。使用同样的方法再复制多个副本，如图 14-52 所示，按"Ctrl"+"D"键取消选择。

　　6　按"Ctrl"+"J"键复制一个副本，如图 14-53 所示，再使用移动工具将其向左下方拖动到适当位置，如图 14-54 所示。

图 14-51 拖动并复制副本

图 14-52 拖动并复制副本

图 14-53 【图层】面板

图 14-54 拖动副本

7 按"Ctrl"键在【图层】面板中单击图层 1 复制的图层缩览图，使图层 1 复制的内容载入选区，如图 14-55 所示。

8 在工具箱中选择▣矩形选框工具，在选项栏中选择▣（从选区减去）按钮，设置【羽化】为 0px，在画面中框住不需要选择的对象，将其选框剪掉，如图 14-56 所示。

图 14-55 使图层 1 复制的内容载入选区

图 14-56 从选区减去后的效果

9 按"Shift"＋"Alt"键并使用移动工具将选区中的对象向右拖动到适当位置，如图 14-57 所示，再按"Ctrl"＋"D"键取消选择，结果如图 14-58 所示。

图 14-57 拖动对象

图 14-58 取消选择后的效果

10 按"Shift"键在【图层】面板中单击图层 1，同时选择这两个图层，然后将这两个图层拖动到【创建新图层】按钮上，当指针呈凹下状态时松开鼠标左键，即可同时复制两个图层，得到这两个图层的副本，如图 14-59 所示，然后在画面中用移动工具将它们向下拖至适当位置，如图 14-60 所示。

图 14-59 【图层】面板

图 14-60 拖动并复制副本

11 用步骤 10 同样的方法再复制一组副本，然后将其向下拖至适当位置，如图 14-61 所示。

12 在【图层】面板中激活图层 1 复制 5，再按"Shift"键单击图层 1，以同时选择图层 1 与它的所有副本，如图 14-62 所示，然后在键盘上按↑（向上）键多次将其移动到适当位置，如图 14-63 所示。

图 14-61　拖动并复制副本

图 14-62　【图层】面板

13 按"Ctrl"+"G"键将选择的图层编成一组，得到组 1，再设置它的混合模式为饱和度，如图 14-64 所示，从而得到如图 14-65 所示的效果。

图 14-63　移动对象

图 14-64　【图层】面板

14 在工具箱中选择□横排文字工具，在选项栏中设置【字体】为文鼎特粗圆简，【字体大小】为 72 点，【消除锯齿方法】为锐利，【颜色】为#fffc00，然后在画面中上方左边适当位置单击并输入文字"新年快乐！"，结果如图 14-66 所示，在选项栏中单击☑按钮确认文字输入。

图 14-65　更改混合模式后的效果

图 14-66　输入文字

图 14-67　输入文字

15 在"新年快乐！"文字的下方单击，显示光标后在选项栏中将【字体大小】改为 36 点，然后输入文字"恭喜发财，万事如意！"，如图 14-67 所示，在选项栏中单击☑按钮确认文字输入。

16 在【图层】面板中双击"恭喜发财，万事如意！"文字图层，弹出【图层样式】对话框，在其左边栏中单击【斜面和浮雕】选项，再在右边栏中设置【样式】为浮雕效果，【方法】为雕刻清晰，【大小】为 2 像素，【角度】为 108 度，【高度】为 74 度，其他不变，如图

14-68 所示，此时的画面效果如图 14-69 所示。

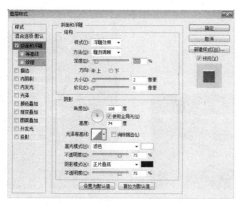

图 14-68　【图层样式】对话框　　　　　图 14-69　【添加图层样式】后的效果

17 在【图层样式】对话框的左边栏中单击【描边】选项，再在右边栏中设置【颜色】
为#9a0505，其他不变，如图 14-70 所示，设置好后单击【确定】按钮，得到如图 14-71 所示
的画面效果。

图 14-70　【图层样式】对话框　　　　　图 14-71　【添加图层样式】后的效果

18 在【图层】面板中右击"恭喜发财，万事如意！"文字图层，在弹出的快捷菜单中选
择【复制图层样式】命令，如图 14-72 所示；再右击"新年快乐！"文字图层，在弹出的快捷
菜单中选择【粘贴图层样式】命令，如图 14-73 所示，得到如图 14-74 所示的效果。

图 14-72　【图层】面板　　　图 14-73　【图层】面板　　　图 14-74　【添加图层样式】后的效果

19 在【图层】面板中双击【斜面和浮雕】效果栏，在弹出的【图层样式】对话框中设
置【大小】为 8 像素，将浮雕效果加大，如图 14-75 所示，设置好后单击【确定】按钮，得
到如图 14-76 所示的效果。

20 设置前景色为白色，在【图层】面板中单击【创建新图层】按钮，新建图层 2，如图
14-77 所示，再在工具箱中选择 ✍️ 画笔工具，在选项栏中设置【不透明度】为 90%，在画笔
预设选取器中选择 ▨ ，然后在画面中"新年快乐！"文字上依次进行多次单击，添加闪光点，

如图 14-78 所示。

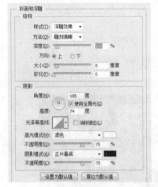

图 14-75　【图层样式】对话框　　　图 14-76　【添加图层样式】后的效果　　　图 14-77　【图层】面板

21 在【图层】面板中单击【创建新图层】按钮，新建图层 3，如图 14-79 所示，在工具箱中选择■自定形状工具，在选项栏中选择■像素，在【形状】弹出式面板中选择■形状，然后在画面中左下角绘制出该形状，如图 14-80 所示。

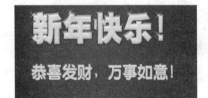

图 14-78　给文字添加闪光点　　　图 14-79　【图层】面板　　　图 14-80　绘制形状

22 按"Ctrl"+"T"键执行【自由变换】命令，显示变换框，然后将绘制的形状进行旋转与移动，旋转与移动后的结果如图 14-81 所示，再在变换框中双击确认变换。

23 在【图层】面板中设置图层 3 的混合模式为叠加，如图 14-82 所示，即可将绘制的形状融合到画面中，如图 14-83 所示。

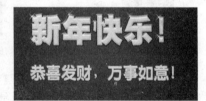

图 14-81　进行旋转与移动后的效果　　　图 14-82　【图层】面板　　　图 14-83　更改混合模式后的效果

24 按"Ctrl"+"J"键复制一个副本，在【编辑】菜单中执行【变换】→【水平翻转】命令，将副本进行水平翻转，再按"Shift"键将其向右拖动到右下角的适当位置，如图 14-84 所示。

25 在【图层】面板中双击"新年快乐!"文字图层,在弹出的【图层样式】对话框的左边栏中选择【渐变叠加】选项,再在右边栏中设置【角度】为 20 度,【缩放】为 150%,单击渐变条,在弹出的【渐变编辑器】对话框中选择透明色谱渐变,再对色谱渐变进行颜色编辑,编辑后的渐变如图 14-85 所示,编辑好后单击【确定】按钮,返回到【图层样式】对话框再单击【确定】按钮,即可得到如图 14-86 所示的效果。喜庆特效文字就制作完成了。

图 14-84 将副本进行水平翻转并移动

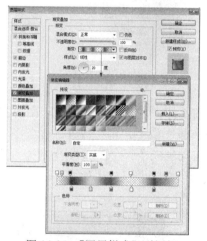

图 14-85 【图层样式】对话框

图 14-86 【添加图层样式】后的效果

14.2 图像处理

14.2.1 城市夜景——燃放烟花

本实例主要介绍使用 Photoshop CC 中的移动工具、混合模式、调整图层、亮度/对比度等工具与功能来将图片处理为燃放烟花的夜景的方法。实例效果如图 14-87 所示。

图 14-87 实例效果

操作步骤

1 按"Ctrl"+"O"键从配套光盘的素材库中打开一张城市夜景图片和一张烟花图片，如图 14-88、图 14-89 所示。

图 14-88　城市夜景图片

图 14-89　烟花图片

2 在工具箱中选择 ⊕ 移动工具，以烟花图片为当前文件，在其上按下左键向夜景图片拖动，拖动到适当位置时松开左键，即可将烟花复制到夜景图像中，再将其进行适当移动，排放好后的结果如图 14-90 所示，在【图层】面板中也自动生成了一个图层为图层 1。

3 在【图层】面板中设置图层 1 的【混合模式】为变亮，如图 14-91 所示，即可得到如图 14-92 所示的效果。

图 14-90　移动并复制图片

图 14-91　【图层】面板

图 14-92　设置【混合模式】后的效果

4 从配套光盘的素材库中打开一个如图 14-93 的图片，同样将其拖动到夜景图片中并排放到适当位置，如图 14-94 所示，同时在【图层】面板中也自动生成图层 2。

图 14-93　打开的图片

图 14-94　移动并复制图片

　　5　在【图层】面板中设置图层 2 的【混合模式】为变亮，如图 14-95 所示，即可得到如图 14-96 所示的效果。

图 14-95　【图层】面板

图 14-96　设置【混合模式】后的效果

　　6　在【图层】面板的底部单击 （创建新的填充或调整图层）按钮，弹出下拉菜单，在其中选择【亮度/对比度】命令，如图 14-97 所示，接着弹出【属性】面板，在其中设置【亮度】为 15，【对比度】为 16，如图 14-98 所示，即可将画面的亮度调亮并加强对比度，调整后的效果如图 14-99 所示，作品就制作完成了。

图 14-97　【图层】面板

图 14-98　【属性】面板

图 14-99　调整后的效果

14.2.2　生锈螺纹

　　本实例主要介绍使用 Photoshop CC 中的创建新路径、钢笔工具、移动工具、添加图层蒙版、混合模式、画笔工具等工具与功能将图片处理为生锈效果的方法。图 14-100、图 14-101 分别为处理前和处理后的效果。

图 14-100　处理前的效果

图 14-101　处理后的效果

操作步骤

1 按 "Ctrl" + "O" 键从配套光盘的素材库中打开一张要处理的图片, 如图 14-102 所示。

2 显示【路径】面板, 在其中单击 ▣ (创建新路径) 按钮, 新建路径 1, 如图 14-103 所示。在工具箱中选择 ✐ 钢笔工具, 在选项栏中选择路径, 然后在画面中勾画出所需的部分, 如图 14-104 所示。

图 14-102　打开的图片

图 14-103　【路径】面板

图 14-104　勾画路径

3 使用钢笔工具在画面中勾画出其他部分的路径, 勾画好的路径如图 14-105 所示。

4 在【路径】面板中新建一个路径, 如图 14-106 所示, 然后使用钢笔工具在画面中勾画出螺钉齿轮侧面轮廓, 如图 14-107 所示。

图 14-105　勾画路径

图 14-106　【路径】面板

图 14-107　勾画路径

5 在【路径】面板中新建一个路径, 如图 14-108 所示, 然后使用钢笔工具在画面中勾画出螺钉齿轮外表面轮廓, 如图 14-109 所示。

6 在【路径】面板的空白处单击隐藏路径显示, 如图 14-110 所示。

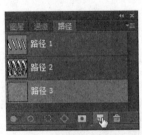
图 14-108　【路径】面板

图 14-109　勾画路径

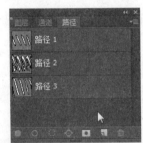
图 14-110　【路径】面板

7 按 "Ctrl" + "O" 键从配套光盘的素材库中打开一张有生锈的图片, 如图 14-111 所示, 接着使用移动工具将该图片拖动到画面中, 同时在【图层】面板中自动生成图层 1, 如图 14-112 所示。

8 按 "Ctrl" + "J" 键两次复制两个副本, 如图 14-113 所示, 隐藏复制的两个副本图层,

如图 14-114 所示。

图 14-111　打开的图片

图 14-112　【图层】面板

图 14-113　【图层】面板

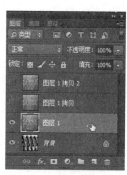

图 14-114　【图层】面板

9　显示【路径】面板，按"Ctrl"键单击路径 1 的缩览图，如图 14-115 所示，使路径 1 载入选区，如图 14-116 所示。

10　显示【图层】面板，在其中激活图层 1，再单击█（添加图层蒙版）按钮，由选区建立图层蒙版，如图 14-117 所示，即可得到如图 14-118 所示的画面效果。

图 14-115　【路径】面板

图 14-116　使路径 1 载入选区

图 14-117　【图层】面板

图 14-118　【添加图层蒙版】后的效果

11　在【图层】面板中设置图层 1 的【混合模式】为点光，【填充】为 15%，如图 14-119 所示，即可得到如图 14-120 所示的画面效果。

12　激活图层 1 复制，以它为当前图层，再单击左边的方框，使它出现眼睛图标，显示图层 1 复制的内容，如图 14-121 所示。

图 14-119　【图层】面板

图 14-120　设置【混合模式】后的效果

图 14-121　【图层】面板

13　显示【路径】面板，在其中单击路径 2 的缩览图，如图 14-122 所示，使路径 2 载入选区，如图 14-123 所示。

14 显示【图层】面板，在其中激活图层 1 复制，再单击 ▣（添加图层蒙版）按钮，由选区建立图层蒙版，如图 14-124 所示，即可得到如图 14-125 所示的画面效果。

图 14-122 【路径】面板　　图 14-123 使路径 2　　图 14-124 【图层】面板　　图 14-125 【添加图层
　　　　　　　　　　　　　　　载入选区　　　　　　　　　　　　　　　　　　　　　　　样式】后的效果

15 在【图层】面板中设置图层 1 复制的【混合模式】为点光，【填充】为 10%，如图 14-126 所示，即可得到如图 14-127 所示的画面效果。

16 激活图层 1 复制 2，以它为当前图层，再单击左边的方框，使它出现眼睛图标，以显示图层 1 复制 2 的内容，接着显示【路径】面板，按 "Ctrl" 键单击路径 3 缩览图，如图 14-128 所示，使路径 3 载入选区，即可得到如图 14-129 所示的选区。

图 14-126 【图层】面板　　图 14-127 设置【混合　　图 14-128 【路径】面板　　图 14-129 使路径 3
　　　　　　　　　　　　　　　模式】后的效果　　　　　　　　　　　　　　　　　　　　载入选区

17 显示【图层】面板，在其中激活图层 1 复制 2，再单击 ▣（添加图层蒙版）按钮，由选区建立图层蒙版，得到如图 14-130 所示的画面效果。在【图层】面板中设置图层 1 复制 2 的【混合模式】为点光，【填充】为 80%，得到如图 14-131 所示的画面效果。

图 14-130 【添加图层蒙版】后的效果　　　　　　图 14-131 设置【混合模式】后的效果

18 在工具箱中选择 ✐ 画笔工具，在选项栏中设置【画笔】为 45 像素柔角圆，【不透明度】为 50%，其他参数为默认值，然后在齿轮上方和下方需要隐藏生锈效果的区域进行涂抹，将其隐藏，如图 14-132 所示，涂抹好后的效果如图 14-133 所示。

图 14-132　在齿轮上方和下方进行涂抹

图 14-133　最终效果图

14.2.3　将彩色照片处理为素描画

本实例主要介绍使用 Photoshop CC 中的去色、反相、混合模式、高斯模糊、合并图层、纹理化等工具与功能将彩色照片处理为素描画效果的方法。如图 14-134、图 14-135 所示分别为处理前和处理后的效果。

图 14-134　处理前的效果

图 14-135　处理后的效果

操作步骤

1　按"Ctrl"+"O"键从配套光盘的素材库中打开一张图片，如图 14-136 所示。

2　在菜单中执行【图像】→【调整】→【去色】命令，得到如图 14-137 所示的效果。

图 14-136　打开的图片

图 14-137　执行【去色】命令后的效果

3　在键盘上按"Ctrl"+"J"键复制背景图层为图层 1，其【图层】面板如图 14-138 所示，接着在菜单中执行【图像】→【调整】→【反相】命令，得到如图 14-139 所示的效果。

4 在【图层】面板中设置图层 1 的【混合模式】为颜色减淡，如图 14-140 所示，这时画面中全为白色。

图 14-138 【图层】面板　　　图 14-139 执行【反相】命令后的效果　　　图 14-140 【图层】面板

5 在菜单中执行【滤镜】→【模糊】→【高斯模糊】命令，在弹出的【高斯模糊】对话框中设置【半径】为 9.9 像素，如图 14-141 所示，设置好后单击【确定】按钮，即可得到如图 14-142 所示的效果。

6 按 "Ctrl" + "E" 键向下合并图层得到一个背景层，其【图层】面板如图 14-143 所示。

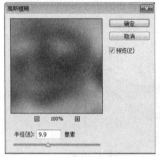

图 14-141 【高斯模糊】对话框　　　图 14-142 执行【高斯模糊】命令　　　图 14-143 【图层】面板
　　　　　　　　　　　　　　　　　　　　　后的效果

7 在菜单中执行【滤镜】→【滤镜库】→【纹理】→【纹理化】命令，在弹出的对话框中设置【纹理】为画布，【缩放】为 148%，【凸现】为 6，【光照】为上，其他参数为默认值，如图 14-144 所示，设置好后单击【确定】按钮，得到如图 14-145 所示的效果。

图 14-144 【纹理化】对话框　　　　　　图 14-145 执行【纹理化】后的效果

14.2.4　调整图像颜色

本实例主要介绍使用 Photoshop CC 中的调整图层、色彩平衡、曲线等工具与功能调整图像颜色的方法，如图 14-146、图 14-147 所示分别为处理前和处理后的效果。

图 14-146　处理前的效果

图 14-147　处理后的效果

 操作步骤

1　按"Ctrl"+"O"键从配套光盘的素材库中打开一张要处理的图片，如图 14-148 所示。

2　在【图层】面板中单击 （创建新的填充或调整图层）按钮，弹出下拉菜单，在其中选择【色彩平衡】命令，如图 14-149 所示，接着弹出【属性】面板，在其中设置青色—红色为-100，洋红—绿色为 0，黄色—蓝色为+100，如图 14-150 所示，即可将画面中的红色与黄色减少，调整后的画面效果如图 14-151 所示。

图 14-148　打开的图片

图 14-149　【图层】面板

图 14-150　【属性】面板

图 14-151　调整后的画面

3　在【图层】面板中单击 （创建新的填充或调整图层）按钮，弹出下拉菜单，在其中选择【曲线】命令，如图 14-152 所示，接着弹出【属性】面板，在其网格中的直线上单击添加一点，再将该点向左上拖动到适当位置，如图 14-153 所示，以调亮画面，得到如图 14-154所示的效果。

 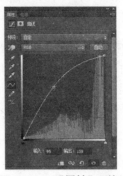 

图 14-152 【图层】面板　　　图 14-153 【属性】面板　　　图 14-154 调整后的效果

14.2.5 照片修饰

本实例主要介绍使用 Photoshop CC 中的调整图层、画笔工具、混合模式、吸管工具等工具与功能修饰照片的方法，如图 14-155、图 14-156 所示分别为处理前和处理后的效果。

图 14-155 处理前的效果　　　　　　图 14-156 处理后的效果

操作步骤

1　按"Ctrl"+"O"键从配套光盘的素材库中打开一张要处理的图片，如图 14-157 所示。

2　在【图层】面板的底部单击 （创建新的填充或调整图层）按钮，弹出下拉菜单，在其中选择【通道混合器】命令，如图 14-158 所示，紧接着弹出【属性】面板，在其中勾选【单色】复选框，再设置【红色】为+66%，【绿色】为+2%，【蓝色】为+32%，其他参数不变，如图 14-159 所示，得到如图 14-160 所示的效果。

图 14-157 打开的图片

图 14-158 【图层】面板　　　图 14-159 【属性】面板　　　图 14-160 调整后的效果

　　3　在【图层】面板中单击【创建新图层】按钮，新建图层 1，如图 14-161 所示。

　　4　设置前景色为# 1d0e10，在工具箱中选择 ✎ 画笔工具，在选项栏中设置【画笔】为硬边圆 1 像素，其他参数为默认值，然后在画面中左眼上进行涂抹，以用前景色绘制眼睛的灰色区，绘制好后的效果如图 14-162 所示。

　　5　在【图层】面板中拖动背景层到【创建新图层】按钮上，当指针呈凹下状态时松开左键，即可复制一个副本图层，然后将背景复制图层拖到最上层，如图 14-163 所示。

　　图 14-161　【图层】面板　　　　图 14-162　用前景色绘制眼睛的灰色区　　　图 14-163　【图层】面板

　　6　在【图层】面板中设置背景复制图层的【混合模式】为颜色，如图 14-164 所示，即可得到如图 14-165 所示的效果。

　　7　在【图层】面板中新建一个图层为图层 2，设置它的【混合模式】为颜色，如图 14-166 所示。

　　图 14-164　【图层】面板　　　　图 14-165　设置【混合模式】后的效果　　　图 14-166　【图层】面板

　　8　在工具箱中选择 ✎ 吸管工具，接着在画面中眼睛的上方单击，以吸取所需颜色，如图 14-167 所示，再选择 ✎ 画笔工具，在选项栏中设置【画笔】为柔边圆 21 像素，其他参数为默认值，然后在画面中绿色区域进行涂抹，将其绘制为所吸取的颜色，绘制好后的效果如图 14-168 所示，照片就修饰好了。

　　　　图 14-167　吸取所需颜色　　　　　　　　　　图 14-168　最终效果图

14.2.6 改头换脸

本实例主要介绍利用 Photoshop CC 软件为图像中的人物换脸的方法，先打开一幅要处理的图像与一张生活照，接着使用钢笔工具、载入选区与复制命令勾画出头盔并复制一个副本，再使用复制图层、添加图层蒙版、画笔工具、加深工具、投影等工具与命令将生活照中的脸部复制到头盔中并使它融入画面即可。如图 14-169、图 14-170 所示分别为原图像和最终效果图。

图 14-169　原图像

图 14-170　最终效果图

操作步骤

1　按 "Ctrl" + "O" 键从配套光盘的素材库中打开一张如图 14-171 所示的图片。

2　显示【路径】面板，在其中单击【创建新路径】按钮，新建路径 1，如图 14-172 所示。在工具箱中选择 钢笔工具，在选项栏中选择路径，然后在画面上勾画出头盔的结构，如图 14-173 所示。

图 14-171　打开的图片

图 14-172　【路径】面板

图 14-173　勾画出头盔的结构

3　按住 "Ctrl" 键并使用鼠标在【路径】面板中单击路径 1，将路径作为选区载入，如图 14-174 所示。

4　显示【图层】面板，按 "Ctrl" + "C" 键进行复制，按 "Ctrl" + "V" 键进行粘贴，得到图层 1，如图 14-175 所示。

5　从配套光盘的素材库中打开一张如图 14-176 所示的图片，按 "Ctrl" 键将它拖到画面中来，成为图层 2。

图 14-174　将路径作为选区载入　　　　图 14-175　进行复制粘贴　　　　图 14-176　打开的图片

6　在【图层】面板中将图层 2 拖到图层 1 的下面，如图 14-177 所示，然后在画面中将生活照人物图片拖放到如图 14-178 所示的位置。

7　在【图层】面板底部单击【添加图层蒙版】按钮，给图层 2 添加图层蒙版，接着从工具箱中选择画笔工具，在选项栏中设置为 ，然后在生活照人物的边缘进行涂抹，得到如图 14-179 所示的效果。

图 14-177　【图层】面板　　　图 14-178　移动并复制图片　　图 14-179　【添加图层蒙版】后的效果

 提示

　　　　可以先在选项栏中设置【不透明度】为 100%，对边缘清晰的地方进行涂抹，
　　　　然后设置【不透明度】为 50%。

8　在【图层】面板中单击图层 2 的图层缩览图，进入标准编辑模式，对人物进行处理，如图 14-180 所示。

9　从工具箱中选择 加深工具，在选项栏中设置为 ，然后在人物的头部进行涂抹以加深颜色，得到如图 14-181 所示的效果。

10　按"Ctrl"+"M"键弹出【曲线】对话框，在其中的网格中将直线调为如图 14-182 所示的曲线，将生活人物图像整体调暗，单击【确定】按钮，得到如图 14-183 所示的效果。

图 14-180　【图层】面板

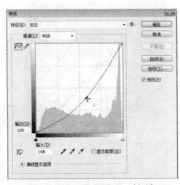

图 14-181　在人物的头部进行涂　　　图 14-182　【曲线】对话框　　　图 14-183　将人物图像整体调暗
　　　　　　抹以加深颜色

　　11 在【图层】面板中双击图层 1，弹出【图层样式】对话框，在其中单击左边的【投影】
选项，然后在右边栏中设置具体参数，如图 14-184 所示，单击【确定】按钮，得到如图 14-185
所示的效果。作品就制作完成了。

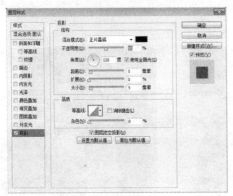

图 14-184　【图层样式】对话框　　　　　　　　　　图 14-185　最终效果图

14.3　包装设计

14.3.1　方便面包装设计

　　本实例主要介绍使用 Photoshop CC 中的渐变工具、单列
选框工具、添加图层蒙版、画笔工具、多边形套索工具、图
层样式（包括投影）、横排文字工具、自由变换、钢笔工具、
直排文字工具等工具与功能来进行包装设计的方法。实例效
果如图 14-186 所示。

图 14-186　实例效果

　　操作步骤

　　1. 包装平面图设计

　　1 按 "Ctrl" ＋ "N" 键新建一个【大小】为 420×560
像素、【分辨率】为 100 像素/英寸、【颜色模式】为 RGB 颜色、【背景内容】为白色的文件。
　　2 在工具箱中设置前景色为#b31001、背景色为#feb600，再选择 ■渐变工具，在选项

栏中选择■（径向渐变）按钮和勾选【反向】、【仿色】复选
框，其他为默认值，再在渐变拾色器中选择前景到背景渐变，
如图 14-187 所示，然后在画面的中央按下左键向下拖动到画
面的底部，给画面进行渐变填充，渐变填充后的效果如图
14-188 所示。

图 14-187　选择渐变颜色

3　按"Ctrl"+"R"键显示标尺栏，再在工具箱中选择■
单列选框工具，在选项栏中选择■（添加到选区）按钮，然后
在画面中每隔 0.5 厘米单击一次，通过多次单击后得到多条选区，如图 14-189 所示。

4　设置前景色为 R221、G76、B12，再按"Alt"+"Delete"键填充前景色，然后按"Ctrl"
+"D"键取消选择，即可得到如图 14-190 所示的效果。

图 14-188　渐变填充后的效果　　　　图 14-189　选择选区　　　　图 14-190　填充颜色后的效果

5　从标尺栏中拖出两条水平参考线，并使它们分别位于 0.8 厘米、13.4 厘米处，如图
14-191 所示。

6　在【图层】面板中单击■（创建新图层）按钮，新建图层 1，如图 14-192 所示，接
着在工具箱中设置前景色#efe212，再选择■矩形工具，在选项栏中选择像素，然后在画面中
下方的参考线上绘制一个长矩形，绘制好后的效果如图 14-193 所示。

图 14-191　拖出两条参考线　　　　图 14-192　【图层】面板　　　　图 14-193　绘制一个长矩形

7　按"Ctrl"+"O"键从配套光盘的素材库中打开一张有方便面的图片，如图 14-194
所示，再使用移动工具将其拖动到画面中并排放到适当位置，如图 14-195 所示，同时在【图
层】面板中会自动生成图层 2。

8　在【图层】面板中单击■（添加图层蒙版）按钮，给图层 2 添加图层蒙版，如图 14-196
所示。

图 14-194　打开的图片

图 14-195　复制并移动图片

图 14-196　【图层】面板

9　在工具箱中选择 ✍ 画笔工具，在选项栏中设置【画笔】为硬边圆 19 像素，其他为默认值，再在画面中方便面的背景处进行大致涂抹，以将其隐藏，隐藏后的画面效果如图 14-197 所示，然后将【画笔】设为硬边圆 5 像素，然后在画面中进行细致涂抹，将不需要的部分隐藏，隐藏后的画面效果如图 14-198 所示。

10　在【图层】面板中单击【创建新图层】按钮，新建图层 3，如图 14-199 所示。设置前景色为#ff8416，再选择 ✎ 多边形套索工具，采用默认值，在画面的左上角绘制一个三角形选区，然后按"Alt"+"Delete"键填充前景色，以将选区填充为所选择的颜色，如图 14-200 所示，按"Ctrl"+"D"键取消选择。

图 14-197　隐藏部分内容后的效果

图 14-198　隐藏部分内容后的效果

图 14-199　【图层】面板

11　在【图层】面板中双击图层 3，弹出【图层样式】对话框，在其左边栏中单击【投影】选项，在右边栏中设置【混合模式】为正常，【不透明度】为 100%，【距离】为 8 像素，【扩展】为 20%，【大小】为 0 像素，其他为默认值，如图 14-201 所示，设置好后单击【确定】按钮，即可得到如图 14-202 所示的效果。

12　在【图层】面板中单击【创建新图层】按钮，新建图层 4，如图 14-203 所示。接着设置前景色为 R12、G136、B26，再使用多边形套索工具，在画面中三角形的右下方绘制一个任一多边形，然后按"Alt"+"Delete"键填充前景色，将选区填充为所选择的颜色，如图 14-204 所示，按"Ctrl"+"D"键取消选择。

13　在【图层】面板中双击图层 4，弹出【图层样式】对话框，在其左边栏中单击【投影】选项，再在右边栏中设置【颜色】为白色，【混合模式】为正常，【不透明度】为 100%，【距离】为 5 像素，【扩展】为 20%，【大小】为 0 像素，其他为默认值，如图 14-205 所示，设置好后单击【确定】按钮，即可得到如图 14-206 所示的效果。

图 14-200　绘制一个三角形
选区

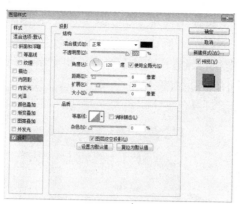

图 14-201　【图层样式】对话框

图 14-202　添加投影样式
后的效果

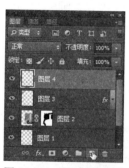

图 14-203　【图层】面板

图 14-204　绘制选框
并填充颜色

图 14-205　【图层样式】
对话框

图 14-206　添加投影
样式后的效果

14 设置前景色为黑色，在工具箱中选择■横排文字工具，在选项栏中设置【字体】为
文鼎 CS 中黑，【字体大小】为 70 点，【消除锯齿方法】为浑厚，然后在画面中单击并输入文
字"香辣脆"，并将文字移动到适当位置，再在选项栏中单击【提交】按钮，确认文字输入，
结果如图 14-207 所示。

15 在【图层】面板中双击"香辣脆"文字图层，弹出【图层样式】对话框，在其左边
栏中单击【描边】选项，再在右边栏中设置【颜色】为白色，如图 14-208 所示，其他参数为
默认值，单击【确定】按钮，即可给文字进行白色描边，描边后的效果如图 14-209 所示。

图 14-207　输入文字

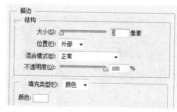

图 14-208　【图层样式】对话框

图 14-209　描边后的效果

 提示

在菜单中执行【编辑】→【描边】命令，在弹出的【描边】对话框中可以根据
需要设置参数给文字进行描边。

16 设置前景色为白色，再使用横排文字工具并在选项栏中进行所需的参数设置，然后在画面中单击并输入文字"NEW"，确认文字输入后的效果如图 14-210 所示。

17 按"Ctrl"+"T"键执行【自由变换】命令，将文字移动到适当位置，再对文字进行适当旋转，如图 14-211 所示，然后在变换框中双击确认变换。

18 使用前面同样的方法对白色文字进行黑色描边，描边后的效果如图 14-212 所示。

图 14-210　输入文字后的效果　　　图 14-211　自由变换调整　　　图 14-212　描边后的效果

19 设置前景色为红色，再使用横排文字工具并在选项栏中设置【字体】为文鼎 CS 中黑，【字体大小】为 30 点，然后在画面中单击并输入文字"绝对够味"，并移动到适当位置，再在选项栏中单击✓（提交）按钮，确认文字输入，结果如图 14-213 所示。

20 使用前面的方法对红色文字进行白色描边，描边大小为 3 像素，描边后的效果如图 14-214 所示。

21 按"Ctrl"+"T"键执行【自由变换】命令，将文字移动到适当位置，再对文字进行适当旋转，如图 14-215 所示，然后在变换框中双击确认变换。

图 14-213　输入文字后的效果　　　图 14-214　描边后的效果　　　图 14-215　自由变换调整

22 使用横排文字工具选择文字"绝对"，在选项栏中设置【字体大小】为 24 点，以将选择文字缩小，如图 14-216 所示，然后单击✓（提交）按钮，确认文字更改，结果如图 14-217 所示。

23 在工具箱中选择✍钢笔工具，在选项栏中选择路径，再在画面中绘制一条曲线路径，如图 14-218 所示。再选择▣横排文字工具，移动指针到路径上，当指针呈✓状时单击，出现一闪一闪的光标，接着输入所需的文字，如图 14-219 所示，再单击✓（提交）按钮，确认文字输入，结果如图 14-220 所示。

图 14-216　选择文字

图 14-217　确认文字更改

图 14-218　绘制路径

图 14-219　输入文字

24 使用横排文字工具在画面中黄色的矩形上单击并输入所需的文字，字体和字体大小根据需要进行参数设置，设置好后的画面效果如图14-221所示。

25 选择直排文字工具，使用前面的方法在画面的左边单击并输入所需的文字，字体和字体大小根据需要进行参数设置，然后确认文字输入，再按"Ctrl"+";"键隐藏参考线，其画面效果如图14-222所示，按"Ctrl"+"S"键将其存储。方便面包装平面图就设计完成了。

图14-220 确认文字输入

图14-221 设置好后的画面效果

图14-222 设置好后的画面效果

2. 包装立体效果图制作

26 显示【图层】面板，如图14-223所示，再按"Ctrl"+"Shift"+"E"键合并所有可见图层，以得到一个背景层，如图14-224所示。

27 按"D"键设置前景色与背景色为默认值，按"Ctrl"+"J"键执行【通过复制的图层】命令，复制一个图层，如图14-225所示，再激活背景层，然后按"Ctrl"+"Delete"键填充背景色，即可将背景填充为白色，其【图层】面板如图14-226所示，画面效果没有发生变化。

图14-223 【图层】面板

图14-224 【图层】面板

图14-225 【图层】面板

图14-226 【图层】面板

28 在【图层】面板中激活图层1，如图14-227所示，在菜单中执行【滤镜】→【液化】命令，弹出【液化】对话框，在其中设置【画笔大小】为250，其他参数为默认值，然后在对话框的预览框中进行拖动，将包装平面调整为所需的形状，如图14-228所示，单击【确定】按钮，得到如图14-229所示的效果。

29 由于画布小了，所以需要在菜单中执行【图像】→【画布大小】命令，弹出【画布大小】对话框，在其中勾选【相对】复选框，再设置【宽度】与【高度】均为30像素，如图14-230所示，单击【确定】按钮，以将画布调大，如图14-231所示。

图 14-227 【图层】面板

图 14-228 【液化】对话框

图 14-229 执行【液化】命令后的效果

30 在图像窗口的左下角【显示比例】文本框中输入 150%，以将画面放大，按空格键将画面进行适当拖动，以完全显示出画面的下边。在工具箱中选择 橡皮擦工具，在选项栏的【画笔】弹出式面板中选择硬边圆 13 像素画笔，如图 14-232 所示，其他参数为默认值，然后在包装平面的下边进行多次均匀单击，将所单击的区域擦除，并且擦除出齿轮状，如图 14-233 所示。

图 14-230 【画布大小】对话框

图 14-231 修改画布大小

图 14-232 选择画笔笔尖

31 按空格键再次将画面进行适当拖动，以显示出包装平面的上边，然后使用橡皮擦工具在上边的边缘处进行多次均匀单击，以擦除出齿轮状，如图 14-234 所示。

图 14-233 将边缘擦除出齿轮状

图 14-234 将边缘擦除出齿轮状

32 按"Ctrl"+"J"键复制图层 1 为图层 1 复制，如图 14-235 所示，在【图层】面板中单击【锁定透明像素】按钮，将图层 1 复制的透明像素锁定，然后按"Alt"+"Delete"键填充前景色，将图层 1 复制的不透明像素填充为黑色，如图 14-236 所示。

33 设置前景色为 R145、G145、B145，再选择画笔工具，在选项栏的【画笔】弹出式面板中选择硬边圆 5 像素，如图 14-237 所示，然后在黑色区域绘制出所需的线条，如图 14-238 所示。

图 14-235 【图层】
面板

图 14-236 填充颜色

图 14-237 选择画笔
笔尖

图 14-238 绘制出
所需的线

34 按 "Ctrl" + "J" 键复制图层 1 复制为图层 1 复制 2, 以将其进行备份, 再将图层 1 复制隐藏, 如图 14-239 所示。在工具箱中选择 涂抹工具, 在选项栏中设置【强度】为 90%, 在【画笔】弹出式面板中选择柔边圆 13 像素, 其他参数为默认值, 如图 14-240 所示, 然后在画面中绘制的线条上进行来回拖动, 对线条进行涂抹, 一次涂抹后的效果如图 14-241 所示。

35 使用步骤 34 同样的方法在画面中对绘制的线条进行多次涂抹, 多次涂抹后的效果如图 14-242 所示。

图 14-239 【图层】面板

图 14-240 选择画笔笔尖

图 14-241 涂抹线条

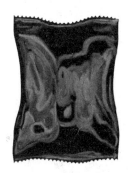

图 14-242 涂抹后的效果

36 在画面中用鼠标右键单击弹出【画笔】面板, 在其中选择柔边圆 35 像素, 接着在画面中涂抹过的区域进行来回拖动, 以达到平滑效果, 进行多次涂抹后的效果如图 14-243 所示, 再在【图层】面板中设置该图层的【混合模式】为滤色, 如图 14-244 所示, 得到如图 14-245 所示的效果。

图 14-243 涂抹后的效果

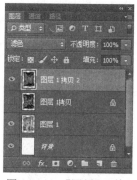

图 14-244 【图层】面板

图 14-245 最终效果

14.3.2 图书封面设计

本实例主要介绍使用通过复制的图层、查找边缘、反相、混合模式、矩形选框工具、渐变工具、取消选择、存储选区、移动工具、载入选区、添加图层蒙版、矩形工具、复制、向下合并、横排文字工具、图层样式（如描边）等工具或命令进行图书封面设计的方法。实例效果如图 14-246、图 14-247 所示。

图 14-246　实例效果

图 14-247　实例效果

操作步骤

1　从配套光盘的素材库中打开一张图片，如图 14-248 所示，用来作为封面的背景。

2　按"Ctrl"+"J"键执行【通过复制的图层】命令，新建一个通过复制的图层为图层 1，如图 14-249 所示。

3　在菜单中执行【滤镜】→【风格化】→【查找边缘】命令，得到如图 14-250 所示的效果。再按"Ctrl"+"I"键执行【反相】命令，得到如图 14-251 所示的效果。

图 14-248　打开的图片

图 14-249　【图层】面板

图 14-250　执行【查找边缘】后的效果

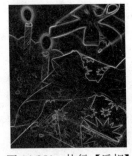

图 14-251　执行【反相】后的效果

4　在【图层】面板中设置图层 1 的【混合模式】为叠加，如图 14-252 所示，得到如图 14-253 所示的效果。

5　在【图层】面板中单击【创建新图层】按钮，新建图层 2，如图 14-254 所示，在工具箱中选择 矩形选框工具，然后在画面中绘制一个适当大小的矩形选框，如图 14-255 所示。

6　在工具箱中选择 渐变工具，在选项栏中选择 （线性渐变）按钮，勾选【反向】复选框，再在渐变拾色器中选择"铬黄渐变"，如图 14-256 所示，然后移动指针到选区内并从下向上拖动，得到如图 14-257 所示的渐变效果，再按"Ctrl"+"D"键取消选择。

图 14-252 【图层】面板

图 14-253 设置【混合模式】后的效果

图 14-254 【图层】面板

图 14-255 绘制矩形选框

图 14-256 渐变拾色器

图 14-257 进行渐变填充

7 在【图层】面板中设置图层 2 的【混合模式】为强光，如图 14-258 所示，得到如图 14-259 所示的效果。

8 在【图层】面板中复制背景图层为背景复制图层，将背景复制图层拖到最上面，再设置它的【混合模式】为柔光，如图 14-260 所示，即可得到如图 14-261 所示的效果。

图 14-258 【图层】面板

图 14-259 设置【混合模式】后的效果

图 14-260 【图层】面板

图 14-261 设置【混合模式】后的效果

9 在工具箱中选择▣矩形选框工具，然后在画面的上方绘制一个适当大小的矩形选框，如图 14-262 所示。

10 在菜单中执行【选择】→【存储选区】命令，在弹出的【存储选区】对话框中设置【名称】为 001，如图 14-263 所示，单击【确定】按钮，再按 "Ctrl" + "D" 键取消选择。

11 从配套光盘的素材库中打开一张风景图片，如图 14-264 所示。

12 使用移动工具将打开的图片拖到画面中上方的适当位置，如图 14-265 所示，在【图层】面板中自动生成图层 3，如图 14-266 所示。

图 14-262 绘制矩形选框　　　　图 14-263 【存储选区】对话框　　　　图 14-264 打开的图片

13 在菜单中执行【选择】→【载入选区】命令，在弹出的【载入选区】对话框中设置【通道】为 001，如图 14-267 所示，单击【确定】按钮，得到如图 14-268 所示的选区。

图 14-265 移动并复制图片　　　　图 14-266 【图层】面板　　　　图 14-267 【载入选区】对话框

14 在【图层】面板中单击【添加图层蒙版】按钮，由选区建立图层蒙版，如图 14-269 所示，从而得到如图 14-270 所示的效果。

图 14-268 载入选区　　　　图 14-269 【图层】面板　　　　图 14-270 【添加图层蒙版】后的效果

15 从配套光盘的素材库中打开一张图片，如图 14-271 所示。

16 使用移动工具把图片拖动到画面中的适当位置，结果如图 14-272 所示，在【图层】面板中自动生成图层 4，如图 14-273 所示。

17 在菜单中执行【选择】→【载入选区】命令，在弹出的【载入选区】对话框中设置【通道】为 001，如图 14-274 所示，单击【确定】按钮，得到如图 14-275 所示的选区。

18 在【图层】面板中单击【添加图层蒙版】按钮，由选区建立了图层蒙版，如图 14-276 所示，将选区外的内容隐藏，得到如图 14-277 所示的效果。

图 14-271　打开的图片

图 14-272　移动并复制图片

图 14-273　【图层】面板

图 14-274　【载入选区】对话框

图 14-275　载入选区

图 14-276　【图层】面板

19 在【图层】面板中设置图层 4 的【混合模式】为滤色，如图 14-278 所示，得到如图 14-279 所示的效果。

图 14-277　【添加图层蒙版】后的效果

图 14-278　【图层】面板

图 14-279　设置【混合模式】后的效果

20 设置前景色为白色，在【图层】面板单击【创建新图层】按钮新建图层 5，如图 14-280 所示，在工具箱中选择▣矩形工具，在选项栏中选择像素，然后在画面的左上角绘制一个小矩形，结果如图 14-281 所示。

21 在工具箱中选择移动工具，按"Alt"+"Shift"键垂直向下拖动小矩形到适当位置，松开左键即可复制一个小矩形，如图 14-282 所示，接着使用同样的方法复制多个小矩形，结果如图 14-283 所示。

22 按"Shift"键在【图层】面板中单击图层 5 以同时选择图层 5 及其副本图层，如图 14-284 所示，按"Ctrl"+"E"键将选择的图层合并为图层 5 复制 12，如图 14-285 所示。

图 14-280 【图层】面板

图 14-281 绘制一个小矩形

图 14-282 移动并复制矩形

图 14-283 移动并复制矩形

图 14-284 【图层】面板

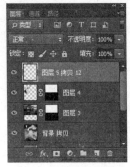

图 14-285 【图层】面板

23 使用移动工具并按"Alt"+"Shift"键将合并图层后的内容水平向右移到适当的位置，松开左键后复制一组小矩形，如图 14-286 所示。

24 通过移动并复制后的【图层】面板如图 14-287 所示，再按"Ctrl"+"E"键向下合并，得到图层 5 复制 12，如图 14-288 所示。

图 14-286 移动并复制矩形

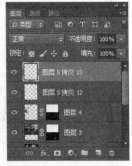

图 14-287 【图层】面板

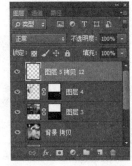

图 14-288 【图层】面板

25 使用前面的方法按"Alt"+"Shift"键将小矩形组垂直向下复制一个副本，再将副本移到适当的位置，画面效果和【图层】面板如图 14-289、图 14-290 所示。

26 在【图层】面板中新建图层 5，单击图层 5 复制 13 左边的眼睛图标，使其不可见，以隐藏图层 5 复制 13。按"Ctrl"键单击图层 5 复制 13 的图层缩览图，如图 14-291 所示，得到如图 14-292 所示的选区。

27 设置前景色为白色，在工具箱中选择▥渐变工具，然后在选项栏中的渐变拾色器中选择"前景色到透明渐变"，如图 14-293 所示，接着移动指针到画面中从上向下拖动，得到如图 14-294 所示的渐变效果，再按"Ctrl"+"D"键取消选择。

图 14-289　移动并复制矩形后的效果

图 14-290　【图层】面板

图 14-291　【图层】面板

图 14-292　载入选区

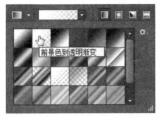

图 14-293　渐变拾色器

图 14-294　进行渐变图层

28 在【图层】面板中新建图层 6，单击图层 5 复制 12 左边的眼睛图标，使其不可见，以隐藏图层 5 复制 12。按 "Ctrl" 键单击图层 5 复制 12 的图层缩览图，如图 14-295 所示，得到如图 14-296 所示的选区。

29 设置前景色为黑色，使用渐变工具在画面上从选区下方向上方拖动，得到如图 14-297 所示的渐变效果，再按 "Ctrl" + "D" 键取消选择。

图 14-295　【图层】面板

图 14-296　载入的选区

图 14-297　进行渐变填充

30 从配套光盘的素材库中打开一张没有背景的图片，如图 14-298 所示。

31 使用移动工具将图片拖动到画面中的适当位置，即可得到如图 14-299 所示的效果。

32 在工具箱中选择横排文字工具，在选项栏中设置【字体】为文鼎 CS 大宋，【字体大小】为 72 点，【文本颜色】为红色，然后在画面的适当位置单击并输入文字 "三十岁的我"，确认文字输入后得到如图 14-300 所示的效果。

33 使用同样的方法在画面中的其他位置输入所需的文字，可以根据需要设置文本格式，输入好文字后，得到如图 14-301 所示的效果。

图 14-298 打开的图片

图 14-299 移动并复制图片后的效果

图 14-300 输入文字后的效果

34 在【图层】面板中双击"三十岁的我"文字图层，弹出【图层样式】对话框，在其左边栏中单击【描边】选项，然后在右边的【描边】栏中进行参数设置，具体参数如图 14-302 所示，其画面效果如图 14-303 所示。

图 14-301 输入文字后效果

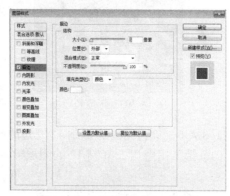

图 14-302 【图层样式】对话框

图 14-303 添加图层样式后的效果

35 在【图层样式】对话框的左边栏中单击【投影】选项，在右边栏中进行参数设置，具体参数如图 14-304 所示，设置好后单击【确定】按钮，得到如图 14-305 所示的效果。作品就制作完成了。

36 可以将作品装裱成书的立体效果，如图 14-306 所示，以查看该封面设计的效果是否满意，操作方法可以参照下例礼品包装立体效果图制作过程。

图 14-304 【图层样式】对话框

图 14-305 【添加图层样式】后的效果

图 14-306 立体效果图

14.3.3　礼品袋包装

本实例主要介绍使用渐变工具、打开、移动工具、混合模式、曲线、直排文字工具、图层样式（如：描边、投影）、矩形工具等工具或命令设计礼品袋包装的正面效果图与侧面效果的方法。实例效果如图 14-307 所示。

图 14-307　实例效果

操作步骤

1. 制作礼品袋包装的正面

1　按 "Ctrl" + "N" 键新建一个【大小】为 450×600 像素、【分辨率】为 100 像素/英寸、【颜色模式】为 RGB 颜色、【背景内容】为白色的图像文件。

2　设置前景色为#ff6d33，背景色为#fff77f，接着选择▉渐变工具，在选项栏中选择▉（线性渐变）按钮，不勾选【反向】复选框，再在渐变拾色器中选择"前景色到背景色渐变"，如图 14-308 所示，然后按 "Shift" 键在画面中从下方向上方拖动，给画布进行渐变填充，填充渐变后的效果如图 14-309 所示。

图 14-308　渐变拾色器

3　按 "Ctrl" + "O" 键从配套光盘的素材库中打开一张如图 14-310 所示的图片，然后使用移动工具将其拖动到画面中并排放到适当的位置，画面效果如图 14-311 所示，同时的【图层】面板中自动生成一个图层 1，如图 14-312 所示。

图 14-309　进行渐变
填充

图 14-310　打开的图片

图 14-311　移动并
复制图片后的效果

图 14-312　【图层】面板

4 在【图层】面板中设置图层 1 的【混合模式】为正片叠底，如图 14-313 所示，即可得到如图 14-314 所示的效果。

5 从配套光盘的素材库中打开一张如图 14-315 所示的图片，使用移动工具将其拖动到画面中来，再移动到适当位置，如图 14-316 所示，同时在【图层】面板中也就自动生成了一个图层 2，如图 14-317 所示。

图 14-313 【图层】面板　　　图 14-314 设置【混合模式】后的效果　　　图 14-315 打开的图片

6 在【图层】面板中设置图层 2 的【混合模式】为正片叠底，如图 14-318 所示，其画面效果如图 14-319 所示。

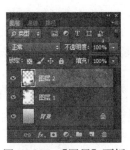

图 14-316 移动并复制图片　　　图 14-317 【图层】面板　　　图 14-318 【图层】面板

7 从配套光盘的素材库中打开一张如图 14-320 所示的图片，使用移动工具将其拖动到画面中，再将其排放到适当位置，画面效果如图 14-321 所示。

图 14-319 设置【混合模式】后的效果　　　图 14-320 打开的图片　　　图 14-321 移动并复制图片后效果

8 在【图层】面板的底部单击 ◑.（创建新的填充或调整图层）按钮，弹出下拉菜单，在其中选择【曲线】命令，如图 14-322 所示，接着弹出【属性】面板，在其中的网格内调整直线为如图 14-323 所示的曲线，建立一个新的调整图层以将图片调亮，调亮后的画面效果如图 14-324 所示。

图 14-322　【图层】面板

图 14-323　【属性】面板

图 14-324　调整后的效果

9 在工具箱中选择 直排文字工具，在选项栏中设置【字体】为文鼎 CS 大黑，【字体大小】为 54 点，【文本颜色】为 R211、G65、B0，然后在画面中单击并输入文字"中秋佳节"，输入好后单击【提交所有当前编辑】按钮，确认文字输入，结果如图 14-325 所示。

10 在【图层】面板中双击"中秋佳节"文字图层，弹出【图层样式】对话框，在其左边栏中单击【描边】选项，再在其右边栏中设置描边颜色为白色，其他为默认值，如图 14-326 所示，移开对话框即可看到画面中的文字也添加了描边效果，如图 14-327 所示。

图 14-325　输入文字后的
效果

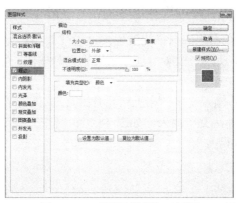

图 14-326　【图层样式】对话框

图 14-327　【添加图层样式】
后的效果

11 在【图层样式】对话框的左边栏中单击【投影】选项，再在其右边栏中设置【不透明度】为 50%，【距离】和【大小】均为 8 像素，其他为默认值，如图 14-328 所示，设置好后单击【确定】按钮，即可得到如图 14-329 所示的效果

12 设置前景色为#0456d0，在【图层】面板中单击【创建新图层】按钮，新建图层 4，如图 14-330 所示，选择 矩形工具，在选项栏中选择像素，然后在画面右上角适当位置绘制一个矩形，结果如图 14-331 所示。

13 设置前景色为 R42、G92、B29，然后使用矩形工具在蓝色矩形的偏上方绘制一个矩形，绘制后的效果如图 14-332 所示。

14 设置前景色为黑色，在工具箱中选择 直排文字工具，在选项栏中设置【字体大小】

为 30 点，然后在蓝色矩形上单击并输入文字"好时节"，输入好后确认文字输入，结果如图 14-333 所示。

图 14-328 【图层样式】对话框

图 14-329 【添加图层样式】后的效果

图 14-330 【图层】面板

图 14-331 绘制矩形

图 14-332 绘制矩形

图 14-333 输入文字后的效果

15 在【图层】面板中双击"好时节"文字图层，弹出【图层样式】对话框，在其左边栏中单击【描边】选项，再在右边的【描边】栏中设置【大小】为 2 像素，【颜色】为白色，其他为默认值，如图 14-334 所示，设置好后单击【确定】按钮，即可得到如图 14-335 所示的效果。

16 在绿色矩形上单击并输入文字"相思精品月饼"，选择文字后在选项栏中设置【字体大小】为 14 点，设置好后确认文字输入，如图 14-336 所示，按"Ctrl"＋"S"键将其保存并命名为"礼品包装正面.psd"。

图 14-334 【图层样式】对话框

图 14-335 【添加图层样式】后的效果

图 14-336 礼品包装正面

2. 制作礼品袋包装的侧面

17 按"Ctrl"＋"N"键新建一个【大小】为 155×600 像素的图像文件，其他参数与正

面文件一样。

18 在程序窗口中激活"礼品包装正面.psd"文件，在【图层】面板中激活背景层，在工具箱中选择移动工具，然后在背景层上按下左键向新建的"未标题-1"文件拖动，当新建文件的画布四周出现一个粗线框，并且指针呈■■■■■■状时松开左键，如图 14-337 所示，即可将"礼品包装正面.psd"文件的背景拖动到新建文件中，如图 14-338 所示。

19 以新建的"未标题-1"文件为当前可用文件，将复制的渐变图形移动到适当位置，如图 14-339 所示。

图 14-337　移动并复制对象

图 14-338　移动并复制对象

图 14-339　移动对象

20 从配套光盘的素材库中打开一张如图 14-340 所示的图片，使用移动工具将其拖动到新建的"未标题-1"文件中，再排放到适当位置，如图 14-341 所示。在【图层】面板中设置它的【混合模式】为正片叠底，如图 14-342 所示，其画面效果如图 14-343 所示。

图 14-340　打开的图片

图 14-341　移动并复制
图片

图 14-342　【图层】面板

图 14-343　【添加图层样式】后的效果

21 在程序窗口中激活"礼品包装正面.psd"文件，在【图层】面板中激活曲线调整图层，再在其上按下左键向新建的"未标题-1"文件拖动，如图 14-344 所示，松开左键后即可将该调整图层复制到新建文件中，同时将新建文件中的内容调亮，如图 14-345 所示。

图 14-344　移动对象

图 14-345　调亮内容

22　使用前面同样的方法将"礼品包装正面.psd"文件的图层 4、"好时节"文字图层、"相思精品月饼"文字图层复制到新建的"未标题-1"文件中，再移动到适当位置，复制与移动后的效果如图 14-346 所示。

23　在工具箱中选择直排文字工具，在选项栏中设置【字体大小】为 18 点，然后在画面的中间位置单击并输入所需的公司名称，如图 14-347 所示，输入好文字后确认文字输入，这样包装的侧面就制作完成了，按"Ctrl"＋"S"键将其保存并命名为"礼品包装侧面.psd"。

图 14-346　复制与移动后的效果

图 14-347　礼品包装侧面

14.3.4　礼品袋立体效果设计

本实例主要介绍使用渐变工具、打开、移动工具、自由变换、合并可见图层、曲线、矩形选框工具、取消选择、多边形套索工具、渐变、画笔工具、图层样式、复制图层样式、粘贴图层样式、添加图层蒙版等工具或命令设计礼品袋包装的立体效果图的方法。实例效果如图 14-348 所示。

图 14-348　实例效果

🖉 操作步骤

1　按"Ctrl"+"N"键新建一个【大小】为 450×700 像素，【分辨率】为 300 像素/英寸、【颜色模式】为 RGB 颜色，【背景内容】为白色的图像文件。

2　在工具箱中设置前景色为 R7、G26、B105，背景色为 R6、G154、B203，再选择渐变工具，在选项栏中选择【线性渐变】按钮，勾选【反向】复选框，再在渐变拾色器选择"前景色到背景色渐变"，然后在画面中从下方向上方拖动，给画布进行渐变填充，渐变填充后的效果如图 14-349 所示。

3　打开 14.3.3 小节中制作好的礼品包装正面作品，如图 14-350 所示，再按"Ctrl"+"Shift"+"E"键将所有可见图层合并为背景层。

4　在工具箱中选择移动工具，将礼品包装正面拖动到进行了渐变填充的画面中，然后按"Ctrl"+"T"键执行【自由变换】命令，显示自由变换框，再按"Ctrl"键分别拖动四周的控制点到适当的位置，调整好后的效果如图 14-351 所示，最后在变换框内双击确认变换。

图 14-349　渐变填充后的效果

图 14-350　将所有可见图层合并

图 14-351　执行【自由变换】调整

5　打开 14.3.3 小节中制作好的礼品包装侧面，如图 14-352 所示，按"Ctrl"+"Shift"+"E"键将所有可见图层合并为背景层，使用移动工具将包装侧面拖动到画面中，然后使用前面的方法对它进行变换调整，调整好后的效果如图 14-353 所示，再在变换框内双击确认变换。

6　在菜单中执行【图像】→【调整】→【曲线】命令，在弹出的【曲线】对话框中将网格中的直线右上端点向下拖动到适当位置，如图 14-354 所示，以将侧面调暗，单击【确定】按钮，得到如图 14-355 所示的效果。

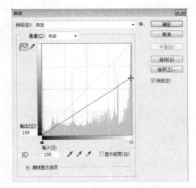

图 14-352　制作好的　　　　图 14-353　执行【自由变换】　　　图 14-354　【曲线】对话框
礼品包装侧面　　　　　　　　　调整后的效果

7　在【图层】面板中单击【创建新图层】按钮，新建图层 3，再按"Ctrl"键单击图层 2 的图层缩览图，如图 14-356 所示，使图层 2 载入选区，如图 14-357 所示。

图 14-355　执行【曲线】后的效果　　　　图 14-356　【图层】面板　　　　图 14-357　使图层 2 载入选区

8　在工具箱中选择矩形选框工具，在选项栏中选择（新选区）按钮，再将选区向左移动到适当位置，如图 14-358 所示。

9　在按住"Alt"键的同时在画面中选区的下方适当位置按下鼠标左键拖出一个适当大小的选区，将不需要的选区框选，如图 14-359 所示，松开鼠标左键即可减去不需要的选区，结果如图 14-360 所示。

图 14-358　移动选区　　　　　图 14-359　拖出一个选区　　　　图 14-360　减去不需要的选区

10 设置前景色为白色，按"Alt"+"Delete"键填充前景色，结果如图 14-361 所示，再按"Ctrl"+"D"键取消选择。

11 在【图层】面板中将图层 3 拖到图层 1 的下面，如图 14-362 所示，结果如图 14-363 所示。

图 14-361 填充颜色

图 14-362 【图层】面板

图 14-363 调整图层后的效果

12 在【图层】面板中单击【创建新图层】按钮，新建图层 4，再按"Ctrl"键单击图层 1 的图层缩览图，如图 14-364 所示，使图层 1 载入选区，从而得到如图 14-365 所示的选区。

13 保持矩形选框工具的选择，将选区向上移动到适当的位置，使它与两个侧面上的顶点对齐，如图 14-366 所示。

图 14-364 【图层】面板

图 14-365 使图层 1 载入选区

图 14-366 移动选区

14 在按住"Alt"键的同时在画面中选区的下方位置按下鼠标左键拖出一个适当大小的选区，框选不需要的选区，如图 14-367 所示，松开鼠标左键后即可减去不需要的选区，结果如图 14-368 所示。

图 14-367 拖出一个选区

图 14-368 减去不需要的选区

15 设置前景色为 R228、G228、B228，按"Alt"+"Delete"键填充前景色，如图 14-369 所示，再按"Ctrl"+"D"键取消选择。

图 14-369　填充颜色

16 在工具箱中设置前景色为 R162、G162、B162，再选择 多边形套索工具，然后在绘制的侧面上绘制一个多边形选区，并按"Alt"+"Delete"键填充前景色，如图 14-370 所示，再按"Ctrl"+"D"键取消选择。

17 按"Ctrl"键在【图层】面板中单击图层 4 的图层缩览图，如图 14-371 所示，使图层 4 载入选区，从而得到如图 14-372 所示的选区。

图 14-370　填充颜色

图 14-371　【图层】面板

图 14-372　使图层 4 载入选区

18 设置前景色为黑色，在【图层】面板中单击【创建新的填充或调整图层】按钮，在弹出的下拉菜单中执行【渐变】命令，如图 14-373 所示，再在弹出的【渐变填充】对话框中单击渐变后的下拉按钮，弹出渐变拾色器，在其中选择"前景色到透明渐变"，如图 14-374 所示，单击【确定】按钮，得到如图 14-375 所示的效果。

图 14-373　【图层】面板

图 14-374　【渐变填充】对话框

图 14-375　【渐变填充】后的效果

19 在【图层】面板中设置该渐变填充图层的【填充】为 50%，如图 14-376 所示，得到如图 14-377 所示的效果。

20 设置前景色为 R162、G162、B162，在【图层】面板中新建图层 5，如图 14-378 所示，然后使用多边形套索工具在画面上绘制一个多边形选区，按"Alt"+"Delete"键填充前景色，得到如图 14-379 所示的效果，再按"Ctrl"+"D"键取消选择。

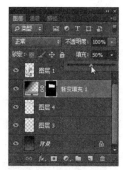

图 14-376 【图层】面板　　　图 14-377 更改【填充】后的效果　　　图 14-378 【图层】面板

21 在【图层】面板中新建图层 6，再将图层 6 拖到最上面，如图 14-380 所示。

22 设置前景色为 R199、G24、B13，选择画笔工具，在选项栏中的【画笔】弹出式面板中设置【大小】为 8 像素，【硬度】为 100%，如图 14-381 所示，然后在画面上绘制一条曲线和两个点，表示包装袋的绳子，如图 14-382 所示。

图 14-379 填充颜色　　　图 14-380 【图层】面板　　　图 14-381 【画笔】弹出式面板

23 在【图层】面板中新建图层 7，如图 14-383 所示，使用画笔工具到绘制的两个点之间绘制一条曲线，如图 14-384 所示。

图 14-382 绘制包装袋的绳子　　　图 14-383 【图层】面板　　　图 14-384 绘制包装袋的绳子

24 在【图层】面板中双击当前图层，弹出【图层样式】对话框，在其左边栏中单击【斜面和浮雕】选项，然后在右边的【斜面和浮雕】栏中进行参数设置，如图 14-385 所示，单击【确定】按钮，得到如图 14-386 所示的效果。

25 在【图层】面板中右击图层 7，在弹出的快捷菜单中执行【复制图层样式】命令，如图 14-387 所示，再在【图层】面板中右击图层 6，然后在弹出的快捷菜单中执行【粘贴图层样式】命令，如图 14-388 所示，粘贴图层样式后的效果如图 14-389 所示。

图 14-385 【图层样式】对话框

图 14-386 【添加图层样式】后的效果

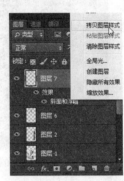
图 14-387 【图层】面板

　　26 在【图层】面板中将图层 7 拖到图层 4 的下面，如图 14-390 所示，得到如图 14-391 所示的效果。

图 14-388 【图层】面板

图 14-389 【粘贴图层样式】后的效果

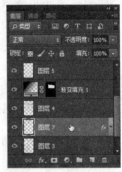
图 14-390 【图层】面板

　　27 设置前景色为 R3、G64、B91，在【图层】面板中新建图层 8，如图 14-392 所示，选择多边形套索工具，然后在画面中左边的适当位置绘制一个适当大小的多边形选区，按 "Alt" + "Delete" 键填充前景色，如图 14-393 所示，再按 "Ctrl" + "D" 键取消选择。

图 14-391 调整图层后的效果

图 14-392 【图层】面板

图 14-393 填充颜色

　　28 在【图层】面板中单击【添加图层蒙版】按钮，给图层 8 添加图层蒙版，如图 14-394 所示，再选择渐变工具，然后移动指针到画面的适当位置从下向上拖动，给蒙版进行渐变填充，隐藏部分内容后，如图 14-395 所示。

　　29 在【视图】菜单中执行【100%】命令显示整个画面，效果如图 14-396 所示，包装立体效果就制作完成了。

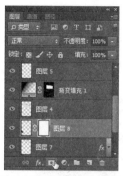

图 14-394 【图层】面板

图 14-395 进行渐变填充

图 14-396 包装立体效果

14.4 广告设计

14.4.1 酒类广告——湘西老酒

本实例主要介绍使用 Photoshop CC 中的移动工具、不透明度、复制图层、锁定透明像素、自由变换、渐变工具、直排文字工具、图层样式、直线工具、合并图层等工具与功能为湘西老酒进行广告设计的方法。实例效果如图 14-397 所示。

图 14-397 实例效果

🖰 操作步骤

1 从配套光盘的素材库中打开一个天空云彩文件与一个图案文件，如图 14-398 所示，然后使用移动工具将图案拖动到天空云彩文件中，并排放到左上角的适当位置，如图 14-399 所示。

图 14-398 打开的文件

图 14-399 将图案复制到天空云彩文件中的效果

2 显示【图层】面板，在其中设置【不透明度】为 40%，如图 14-400 所示，即可将图案的不透明度降低，结果如图 14-401 所示。

3 从配套光盘的素材库中打开一个有红色绸带的文件，如图 14-402 所示，然后使用移动工具将其拖动到天空云彩文件中，并排放到画面的中下方，如图 14-403 所示。

图 14-400 【图层】面板

图 14-401 改变不透明度后的效果

图 14-402 打开的文件

4 从配套光盘的素材库中打开一个有酒坛的文件，如图 14-404 所示，然后使用移动工具将其拖动到天空云彩文件中，并排放到画面的左下角，如图 14-405 所示。

图 14-403 复制绸带后的效果

图 14-404 打开的文件

图 14-405 复制酒坛后的效果

5 按"Ctrl"+"J"键复制图层 3 为图层 3 复制，再激活图层 3，以它为当前图层，然后单击 (锁定透明像素) 按钮，锁定透明像素，接着设置前景色为黑色，按"Alt"+"Delete"键将不透明像素填充为黑色，如图 14-406 所示。

6 按"Ctrl"+"T"键执行【自由变换】命令，将图层 3 的内容进行变换调整，如图 14-407 所示，调整好后在变换框中双击确认变换。

图 14-406 锁定透明像素

图 14-407 变换调整

7　按"Ctrl"键在【图层】面板中单击图层 3 的缩览图，如图 14-408 所示，使图层 3 载入选区，如图 14-409 所示。

图 14-408　【图层】面板

图 14-409　将投影载入选区

8　在【图层】面板中新建一个图层为图层 4，再隐藏图层 3，如图 14-410 所示，选择 渐变工具，在选项栏的渐变拾色器中选择"前景色到透明渐变"，如图 14-411 所示，然后在画面中选区内拖动，给选区进行渐变填充，结果如图 14-412 所示，再按"Ctrl"+"D"键取消选择。

图 14-410　【图层】面板

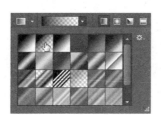

图 14-411　选择"前景色到透明渐变"

图 14-412　给选区进行渐变填充后的效果

9　从配套光盘的素材库中打开一个辅助图形，如图 14-413 所示，再用移动工具将其拖动到我们的画面中来，并排放到适当位置，如图 14-414 所示。

10　在工具箱中选择 直排文字工具，在选项栏中设置参数为 文鼎CS大宋　30 点 ，再在画面中单击并输入"尊"字，如图 14-415 所示。

图 14-413　打开的辅助图形

图 14-414　将辅助图形复制到画面中的效果

图 14-415　输入文字

11 在菜单中执行【图层】→【图层样式】→【外发光】命令，弹出【图层样式】对话框，在其中设置【大小】为 8 像素，其他不变，如图 14-416 所示，设置好后单击【确定】按钮，得到如图 14-417 所示的效果。

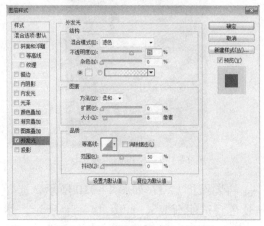

图 14-416 【图层样式】对话框

图 14-417 【添加图层样式】后的效果

12 使用直排文字工具在输入的文字上方单击，显示光标后在选项栏中设置参数为 ![文鼎CS大黑 10点] ，再在画面中单击并输入文字"醇者"，输入好后确认文字输入，结果如图 14-418 所示。

13 使用步骤 12 同样的方法再输入一些其他的文字，如图 14-419 所示。

图 14-418 输入文字

图 14-419 输入文字

 提示

先在其他地方输入文字，再排放到指定位置，否则将在原来的文字后面输入文字。

14 在【图层】面板中新建一个图层，如图 14-420 所示，设置前景色为白色，再选择 直线工具，在选项栏中选择 （像素）按钮，再设置【粗细】为 1 像素，然后在画面中左上方绘制几条直线，如图 14-421 所示。

15 使用直排文字工具在直线之间输入所需的文字，如图 14-422 所示。

16 按"Shift"键在【图层】面板中单击图层 7，以同时选择直线与直线之间的文字所在图层，如图 14-423 所示，按"Ctrl"+"E"键将它们合并为一个图层，再设置【不透明度】为 60%，如图 14-424 所示，得到如图 14-425 所示的效果。

图 14-420　【图层】面板

图 14-421　用直线工具绘制几条直线

图 14-422　输入文字

图 14-423　选择图层

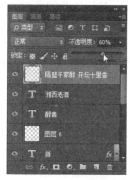

图 14-424　合并图层

图 14-425　改变不透明度后的效果

17 使用横排文字工具在画面的右下角输入所需的文字，如图 14-426 所示。

18 在菜单中执行【图层】→【图层样式】→【投影】命令，弹出【图层样式】对话框，在其中设置【距离】为 3 像素，【大小】为 3 像素，其他不变，如图 14-427 所示，单击【确定】按钮，得到如图 14-428 所示的效果。酒类广告就制作完成了。

图 14-426　输入文字

图 14-427　【图层样式】对话框

图 14-428　最终效果图

14.4.2　酒类广告——品牌酒

本实例主要介绍使用 Photoshop CC 中的创建新路径、钢笔工具、通过复制的图层、图层样式（包括：外发光、描边）、复制图层样式、粘贴图层样式、自由变换、横排文字工具等工具与功能为一种品牌酒进行广告设计。实例效果如图 14-429 所示。

图 14-429　实例效果

⚲ 操作步骤

1 按"Ctrl"+"O"键从配套光盘的素材库中打开一张图片，如图 14-430 所示，用来作为的背景。

2 显示【路径】面板，在其中单击█（创建新路径）按钮，新建路径 1，如图 14-431 所示，接着在工具箱中选择✎钢笔工具，在选项栏中选择路径，然后在画面中右下角绘制一个所需形状的路径，如图 14-432 所示，用来制作辅助形。

图 14-430　打开的图片

图 14-431　【路径】面板

图 14-432　绘制路径

3 按"Ctrl"键在【路径】面板中单击路径 1 的缩览图，如图 14-433 所示，使路径 1 载入选区，如图 14-434 所示。

图 14-433　【路径】面板

图 14-434　使路径 1 载入选区

4 在【图层】面板中单击█（创建新图层）按钮，新建图层 1，如图 14-435 所示，设置前景色为 R109、G37、B20，再按"Alt"+"Delete"键填充前景色，然后按"Ctrl"+"D"键取消选择，即可得到如图 14-436 所示的效果。

5 从配套光盘的素材库中打开一个所需的文件，再按"Ctrl"键将其拖动到广告设计的文件中并排放到右下角适当位置，如图 14-437 所示，同时在【图层】面板中自动生成图层 2。

图 14-435　【图层】面板　　　　图 14-436　填充颜色　　　　图 14-437　移动并复制对象

6　在【图层】面板中双击图层 2，弹出【图层样式】对话框，在其左边栏中选择【外发光】选项，再在右边栏中设置【不透明度】为 50%，其他参数为默认值，如图 14-438 所示，设置好后单击【确定】按钮，即可得到如图 14-439 所示的发光效果。

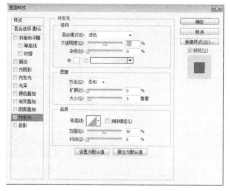

图 14-438　【图层样式】对话框　　　　　　图 14-439　【添加图层样式】后的效果

7　在工具箱中选择横排文字工具，在选项栏中设置【字体】为文鼎特粗黑简，【字体大小】为 51 点，然后在画面的适当位置单击并输入文字"绅士品味"，输入好后在选项栏中单击☑按钮，确认文字输入，结果如图 14-440 所示。

8　在【图层】面板中双击文字图层，弹出【图层样式】对话框，在其左边栏中选择【描边】选项，再在右边栏中设置【大小】为 2 像素，颜色为白色，其他参数为默认值，如图 14-441 所示，设置好后单击【确定】按钮，即可得到如图 14-442 所示的描边效果。

图 14-440　输入文字　　　　图 14-441　【图层样式】对话框　　　图 14-442　【添加图层样式】
后的效果

9　在【图层】面板中右击文字图层，弹出快捷菜单，在其中选择【复制图层样式】命令，如图 14-443 所示，再在图层 1 右击弹出快捷菜单，在其中选择【粘贴图层样式】命令，如图 14-444 所示，得到如图 14-445 所示的效果。

10　从配套光盘的素材库中打开一个所需的标志文件，再按"Ctrl"键将其拖动到广告设计的文件中并排放到左上角适当位置，如图 14-446 所示，同时在【图层】面板中自动生成图层 3。

图 14-443 【图层】面板

图 14-444 【图层】面板

图 14-445 【粘贴图层样式】后的效果

11 按"Ctrl"＋"J"键复制图层 3 为图层 3 复制，如图 14-447 所示，再按"Ctrl"＋"T"键将副本缩小，移动到画面底部的中间位置，如图 14-448 所示，调整好后在选项栏中单击☑（提交）按钮，确认变换。

图 14-446 移动并复制标志

图 14-447 【图层】面板

图 14-448 自由变换调整

12 在工具箱中选择横排文字工具，在选项栏中设置【字体】为 Arial，【字体大小】为 27 点，【消除锯齿方法】为浑厚，其他参数为默认值，然后在画面的适当位置单击并输入文字"MARTELLS"，输入好后在选项栏中单击☑（提交）按钮，确认文字输入，结果如图 14-449 所示。

13 使用步骤 12 同样的方法在画面的底部输入相应的文字，如图 14-450 所示。

14 使用前面同样的方法在画面的左下角适当位置输入相应的文字，如图 14-451 所示，作品就制作完成了。

图 14-449 输入文字

图 14-450 输入文字

图 14-451 最终效果图

14.4.3 网店服装广告

本实例主要介绍使用 Photoshop CC 中的钢笔工具、用前景色填充路径、将路径作为选区载入、创建新图层、渐变工具、矩形选框工具、自由变换、移动工具、横排文字工具等工具与功能为服装网店进行广告设计的方法。实例效果如图 14-452 所示。

图 14-452　实例效果

操作步骤

1　按"Ctrl"+"N"键弹出【新建】对话框，在其中设置【宽度】为 750 像素，【高度】为 150 像素，【分辨率】为 72 像素/英寸，其他不变，设置好后单击【确定】按钮，即可新建一个文件。

2　显示【路径】面板，在其中单击 ▣（创建新路径）按钮，新建路径 1，如图 14-453 所示，再选择 ✏ 钢笔工具，在选项栏中选择 ✏ · 路径 路径，然后在画面中沿着左边与上边缘绘制一个扇形路径，如图 14-454 所示。

3　设置前景色为 R252、G119、B216，再在【路径】面板中单击 ●（用前景色填充路径）按钮，使路径填充为前景色，画面效果如图 14-455 所示。

图 14-453　创建新路径

图 14-454　绘制路径

图 14-455　用前景色填充路径后的效果

4　在【路径】面板中单击【创建新路径】按钮，新建路径 2，使用钢笔工具在画面中右边绘制一个多边形路径，如图 14-456 所示。

5　在【路径】面板中单击 ▣（将路径作为选区载入）按钮，使路径载入选区，如图 14-457 所示。

6　显示【图层】面板，在其中单击 ▣（创建新图层）按钮，新建图层 1，如图 14-458 所示。

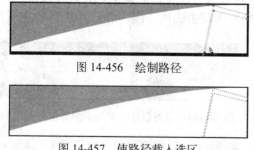

图 14-456　绘制路径

图 14-457　使路径载入选区

图 14-458　创建新图层

7　设置前景色为# fb3b68，背景色为# fecdcf ，再选择 ▣渐变工具，在选项栏的渐变拾色器中选择"前景色到背景色渐变"，如图 14-459 所示，然后在画面中拖动，给选区进行渐

变填充，如图 14-460 所示。

8 在工具箱中选择矩形选框工具，在选项栏中设置【羽化】为 0 像素，再在画面中下方适当位置绘制一个矩形选框，如图 14-461 所示，然后使用渐变工具对其进行渐变填充，画面效果如图 14-462 所示。

图 14-460 渐变填充后的效果

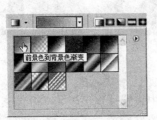

图 14-459 选择前景色到背景色渐变

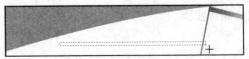

图 14-461 绘制矩形选框

9 设置前景色为 R245、G196、B148，再选择 矩形工具，在选项栏中选择 像素，然后在小渐变矩形的左上方绘制一个正方形，如图 14-463 所示。

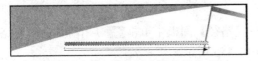

图 14-462 渐变填充后的效果

图 14-463 绘制正方形

10 从配套光盘的素材库中打开两个有衣服的文件，如图 14-464 所示，使用移动工具分别将它们拖动到画面中，然后排放到所需的位置，如图 14-465 所示。

图 14-464 打开的文件

图 14-465 将衣服复制到画面中的效果

11 从配套光盘的素材库中打开一个有衣服与手提包的文件，如图 14-466 所示，使用移动工具将它拖动到画面中，按 "Ctrl" + "T" 键执行【自由变换】命令，将其旋转与排放到所需的位置，如图 14-467 所示，调整好后在变换框中双击确认变换，结果如图 14-468 所示。

图 14-466 打开的文件

图 14-467 将衣服复制到画面中并进行变换调整

图 14-468 调整后的效果

12 从配套光盘的素材库中打开一个人物的文件，如图 14-469 所示，使用移动工具将人物拖动到画面中并排放到中间位置，以突出其重要性，如图 14-470 所示。

13 在工具箱中选择横排文字工具，接着在画面中左上角单击并输入文字"新年礼"，按"Ctrl"+"A"键全选文字，再在选项栏中设置【字体】为黑体，【字体大小】为 30 点，【文本颜色】为 R248、G11、B11，设置好后确认文字输入，结果如图 14-471 所示。

图 14-469　打开的文件

图 14-470　将人物复制到画面中的效果

图 14-471　输入文字

14 使用步骤 13 同样的方法输入其他的修饰语，如图 14-472 所示。

15 从配套光盘中打开已经准备的 logo 图片，使用移动工具将其拖动到画面的左下方，如图 14-473 所示。服装广告就制作完成了。

图 14-472　输入文字

图 14-473　最终效果图

14.4.4　宣传单设计——名典花园

本实例主要介绍使用移动工具、矩形工具、创建新图层、椭圆选框工具、羽化、横排文字工具等工具或命令来进行宣传单的方法。实例效果如图 14-474 所示。

图 14-474　实例效果

 操作步骤

1 按"Ctrl"+"N"键弹出【新建】对话框，在其中设置【宽度】为 680 像素，【高度】为 490 像素，【分辨率】为 72 像素/英寸，其他不变，如图 14-475 所示，单击【确定】按钮，即可新建一个空白的图像。

2 从配套光盘的素材库中打开一个已经准备好的建筑物图像，如图 14-476 所示，使用移动工具把建筑物图像拖动到新建文件中并排放到画布的上方，结果如图 14-477 所示。

图 14-475 【新建】对话框　　　图 14-476 打开的图像　　　图 14-477 复制图像后的效果

3 从配套光盘的素材库中打开一个已经准备好的人物图像，如图 14-478 所示，使用移动工具将人物图像拖动到新建文件中并排放到画面的左下角，结果如图 14-479 所示。

图 14-478 打开的图像　　　　　　图 14-479 复制图像后的效果

4 在【图层】面板中单击【创建新图层】按钮，新建图层 3，如图 14-480 所示，再设置前景色为黑色，接着在工具箱中选择█矩形工具，在选项栏中选择█████像素，然后在画面中下方白色区域绘制一个黑色矩形，以盖住人物下方一部分，如图 14-481 所示。

图 14-480 创建新图层　　　　　　图 14-481 绘制黑色矩形

5 从配套光盘的素材库中打开两张没有背景的树枝图片，如图 14-482、图 14-483 所示，使用移动工具分别将树枝图片拖动到画面中，并分别排放到右下角与左上角的适当位置，得到如图 14-484 所示的效果。

6 设置前景色为白色，在【图层】面板中单击【创建新图层】按钮，新建图层 6，如图 14-485 所示，在工具箱中选择▣椭圆选框工具，然后在画面中适当位置绘制一个椭圆选框，并按"Alt"＋"Delete"键填充前景色，结果如图 14-486 所示。

图 14-482　打开的图像　　　　图 14-483　打开的图像　　　　图 14-484　复制图像后的效果

图 14-485　创建新图层　　　　　　图 14-486　绘制椭圆选框并填充白色

7　在菜单中执行【选择】→ 【修改】→【羽化】命令，在弹出的【羽化选区】对话框中设置【羽化半径】为 15 像素，如图 14-487 所示，单击【确定】按钮，将选区进行羽化，得到如图 14-488 所示的效果。

8　按 "Delete" 键删除选区内容，再按 "Ctrl" + "D" 键取消选择，得到如图 14-489 所示的效果。

图 14-487　【羽化选区】对话框　　　图 14-488　【羽化】后的效果　　　图 14-489　删除选区内容并
　　　　　　　　　　　　　　　　　　　　　　　　　　　　　　　　　　　　　　取消选择的效果

9　从配套光盘的素材库中打开一个标志文件，使用移动工具将标志拖动到画面中，并排放到左下角的适当位置，如图 14-490 所示。

10　在工具箱中选择横排文字工具，在选项栏中设置【字体】为黑体，【字体大小】为 34 点，然后在画面的适当位置单击并输入文字 "看房有惊喜 买房有实惠"，再单击 ✓ 按钮，确认文字输入，结果如图 14-491 所示。

11　使用横排文字工具在输入文字的下方单击，

图 14-490　将标志图像拖运到画面中的效果

在选项栏中设置【字体大小】为 16 点，然后输入所需的文字，输入好文字后确认文字输入，结果如图 14-492 所示。

图 14-491　输入文字

图 14-492　输入文字

12 从配套光盘的素材库中打开一个有蝴蝶的文件，如图 14-493 所示，使用移动工具将蝴蝶拖动到画面中，并在【图层】面板中将蝴蝶所在图层拖动文字图层的下层，然后排放到"看房有惊喜　买房有实惠"文字的前面，如图 14-494 所示。宣传单就设计完成了。

图 14-493　打开的文件

图 14-494　最终效果图

14.4.5　首饰广告——甜蜜回忆

本实例主要介绍使用移动工具、自由变换、矩形选框工具、复制、添加图层蒙版、复制通道、将通道作为选区载入、画笔工具、套索工具、取消选择、不透明度等工具或命令组合几张图片成首饰广告效果的方法。实例效果如图 14-495 所示。

图 14-495　实例效果

操作步骤

1　按"Ctrl"+"O"键从配套光盘的素材库中打开一张有花的背景图片（如"情人节.jpg"）与一个有相框的文件（如"相框.psd"），如图 14-496 所示。

2　先激活"相框.psd"文件，在工具箱中选择 **移动工具**，将相框拖动到"情人节.jpg"文件中并排放到适当的位置，如图 14-497 所示，同时在【图层】面板中自动生成图层 1，如图 14-498 所示。

图 14-496　打开背景图片和相框　　　图 14-497　复制相框　　　图 14-498　【图层】面板

3　从配套光盘的素材库中打开一张艺术照图片，如图 14-499 所示，然后使用同样的方法将人物图片拖到"情人节.jpg"文件中，同时在【图层】面板中自动生成图层 2，如图 14-500 所示。

4　在【图层】面板中将图层 2 拖到图层 1 的下面，如图 14-501 所示，使用移动工具将图片移动到适当位置，结果如图 14-502 所示。

图 14-499　打开的人物图片　　　图 14-500　【图层】面板　　　图 14-501　【图层】面板

5　按"Ctrl"+"T"键执行【自由变换】命令，显示自由变换框，再按"Ctrl"键拖动左上角的控制点到适当的位置，使控制点和相框内的角顶点对齐，如图 14-503 所示。

图 14-502　复制人物图片并排放到适当位置　　　图 14-503　对人物图片执行【自由变换】

　　6　使用同样的方法调整变换框边上其他的 3 个控制点，使控制点和相框内的角顶点分别对齐，如图 14-504 所示，在变换框内双击确认变换，得到如图 14-505 所示的效果。

图 14-504　对人物图片执行【自由变换】

图 14-505　执行【自由变换】后的效果

　　7　从配套光盘的素材库中打开一张艺术照图片，如图 14-506 所示，使用移动工具将人物图片拖动到"情人节.jpg"文件中，然后使用前面同样的方法对人物进行适当的自由变换调整，调整后的结果如图 14-507 所示。

图 14-506　打开的人物图片

图 14-507　对人物图片执行【自由变换】后的结果

　　8　在【图层】面板中激活背景层，如图 14-508 所示，在工具箱中选择矩形选框工具，然后在画面中绘制一个适当大小的矩形选框，如图 14-509 所示。

　　9　按"Ctrl"＋"J"键复制选区内容为图层 4，其【图层】面板如图 14-510 所示，然后将图层 4 排放到图层 1 的上方，如图 14-511 所示。

图 14-508　【图层】面板

图 14-509　用矩形选框工具绘制一个矩形选框

图 14-510　【图层】面板

　　10　在【图层】面板中单击【添加图层蒙版】按钮，给图层 4 添加图层蒙版，如图 14-512 所示，然后在工具箱中选择 画笔工具，按[与]键来调整画笔的大小，然后在画面中不需要的地方进行涂抹，以隐藏不需要的部分，涂抹后的效果如图 14-513 所示。

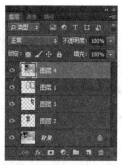

图 14-511　【图层】面板　　　　图 14-512　【图层】面板　　　图 14-513　【添加图层蒙版】以隐藏不需要的部分

　　11 在【图层】面板中激活背景层，再在底部单击【创建新图层】按钮，新建图层 5，如图 14-514 所示。

　　12 设置前景色为黑色，在工具箱中选择 ⌐ 套索工具，在选项栏中设置【羽化】为 10 像素，然后在相框下方适当位置绘制一个选区，如图 14-515 所示，接着按"Alt"+"Delete"键填充前景色，再按"Ctrl"+"D"键取消选择，得到如图 14-516 所示效果。

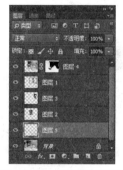

图 14-514　【图层】面板　　　图 14-515　用套索工具绘制选区　　图 14-516　将选区填充颜色后的效果

　　13 在【图层】面板中设置图层 5 的【不透明度】为 50%，如图 14-517 所示，得到如图 14-518 所示的效果。

　　14 从配套光盘的素材库中打开一个有手镯的文件，如图 14-519 所示。

图 14-517　【图层】面板　　　图 14-518　设置不透明度后的效果　　图 14-519　打开的手镯图片

　　15 显示【通道】面板，并在其中查看单色通道，以查看哪个通道对比明显。这里，以蓝色通道对比明显，因此，激活蓝色通道，如图 14-520 所示，再将其拖移到 ◨ （创建新通道）按钮上呈凹下状态时松开左键，以复制一个通道，如图 14-521 所示，其画面效果如图 14-522 所示。

图 14-520 【通道】面板

图 14-521 【通道】面板

图 14-522 复制蓝通道后的效果

16 按"Ctrl"+"L"键执行【色阶】命令，弹出【色阶】对话框，在其中设置【输入色阶】为 153、1.00、246，如图 14-523 所示，将图片调暗，调整好后单击【确定】按钮，结果如图 14-524 所示。

17 在工具箱中选择 画笔工具，在选项栏中设置【画笔】为 ，然后在画面中手镯上进行涂抹，以将其涂黑，涂抹后的效果如图 14-525 所示。

图 14-523 【色阶】对话框

图 14-524 执行【色阶】命令
后的效果

图 14-525 将手镯用黑色
涂抹后的效果

18 按"Ctrl"键单击蓝复制通道的通道缩览图，如图 14-526 所示，使它载入选区，结果如图 14-527 所示。

19 按"Ctrl"+"Shift"+"I"键将选区反选，得到如图 14-528 所示的选区，再在【通道】面板中激活 RGB 复合通道，如图 14-529 所示，显示复合通道内容，结果如图 14-530 所示。

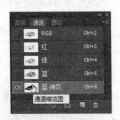

图 14-526 【通道】面板

图 14-527 将调整通道载入选区

图 14-528 反选选区

20 使用移动工具将选区内的内容拖动到"情人节.jpg"文件中并排放到适当位置，画面效果如图 14-531 所示。

图 14-529 【通道】面板

图 14-530 显示复合通道内容

图 14-531 复制手镯后的效果

21 在【编辑】菜单中执行【变换】→【水平翻转】命令，将手镯进行水平翻转，再按"Ctrl"+"T"键进行大小调整，翻转与调整后再将其移动到适当位置，如图 14-532 所示，调整好后在变换框中双击确认变换。

22 从配套光盘的素材库中打开 4 个文件（即："项链.psd"，"戒指01.psd"、"戒指02.psd"与"艺术字.psd"），如图 14-533 所示，然后依次使用移动工具将它们分别拖动到编辑的文件中并排放到适当位置，排放好后的效果如图 14-534 所示。作品就制作完成了，保存并命名为"首饰广告"。

图 14-532　执行【水平翻转】命令后排放到适当位置

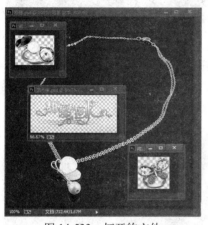

图 14-533　打开的文件

图 14-534　最终效果图

14.5　海报、摄影与网店设计

14.5.1　机械人电影海报

本实例主要介绍使用 Photoshop CC 中的移动工具、添加图层蒙版、画笔工具、混合模式、横排文字工具等工具与功能进行电影海报设计的方法。实例效果如图 14-535 所示。

图 14-535　实例效果

操作步骤

   1   从配套光盘的素材库中打开一个城市夜景文件与一个黑白图像，如图 14-536 所示，然后使用移动工具将黑白图像拖动到夜景文件中并排放到适当位置，如图 14-537 所示。

图 14-536　打开的图像

图 14-537　将黑白图像拖动到夜景文件中的效果

   2   在【图层】面板中单击 ▣（添加图层蒙版）按钮，给图层 1 添加图层蒙版，如图 14-538 所示，在工具箱中选择 ✏️ 画笔工具，在选项栏中设置【画笔】为硬边圆 19 像素，然后在画面中不需要的部分进行涂抹，以将其隐藏，隐藏后的效果如图 14-539 所示。

图 14-538　添加图层蒙版

图 14-539　用画笔工具修改蒙版后的效果

   3   在【图层】面板中单击【创建新图层】按钮，新建一个图层，设置其【混合模式】为柔光，设置前景色为#0e0e90，然后按“Alt”+“Delete”键填充前景色，其【图层】面板如图 14-540 所示，画面效果如图 14-541 所示。

图 14-540　创建新图层

图 14-541　填充黑色后的效果

   4   在【图层】面板中激活图层 1，从配套光盘的素材库中打开一个有游戏人物的文件，如图 14-542 所示，再将游戏人物拖动到画面中并排放到适当位置，如图 14-543 所示。

图 14-542 打开的文件

图 14-543 将游戏人物拖动到画面中的效果

5 从配套光盘的素材库中打开一个有游戏人物的文件，如图 14-544 所示，再将游戏人物拖动到画面中并排放到适当位置，如图 14-545 所示。

图 14-544 打开的文件

图 14-545 将游戏人物拖动到画面中的效果

6 再从配套光盘的素材库中打开一个相关主题文字的图像，如图 14-546 所示，将文字拖动到画面中并排放到适当位置，在【图层】面板中单击【添加图层蒙版】按钮，给图层 5 添加图层蒙版，如图 14-547 所示，然后使用硬边圆 9 像素画笔在不需要的区域进行涂抹，以将其隐藏，隐藏后的效果如图 14-548 所示。

图 14-546 打开的图像

图 14-547 添加图层蒙版

图 14-548 用画笔工具修改蒙版后的效果

7 在工具箱中选择横排文字工具，在选项栏中设置【字体】为文鼎 CS 大黑，【字体大小】为 30 点，【文本颜色】为白色，然后在画面中变形金刚的后面单击并输入文字"隆重上市"，输入好后在选项栏中单击【提交所有当前编辑】按钮完成文字输入，结果如图 14-549 所示。电影海报就设计完成了。

图 14-549　最终效果图

14.5.2　魔幻电影海报

本实例主要介绍使用混合模式、云彩、魔棒工具、反向、添加图层蒙版、画笔工具、描边、横排文字工具、渐变叠加、描边等工具与功能进行电影海报设计的方法。实例效果如图 14-550 所示。

图 14-550　实例效果

操作步骤

1　按"Ctrl"+"O"键从配套光盘的素材库中打开一张如图 14-551 所示的图像。

2　按"Ctrl"+"O"键从配套光盘的素材库中打开一张如图 14-552 所示的图像，使用移动工具将其拖动到前面的文件中并与前一图像对齐，同时在【图层】面板中自动生成图层 1。

3　在【图层】面板中设置图层 1 的【混合模式】为正片叠底，如图 14-553 所示，得到如图 14-554 所示的效果。

4　在【图层】面板中单击█（创建新图层）按钮，新建图层 2，如图 14-555 所示，按"D"键将前景色与背景色还原为默认值，在菜单中执行【滤镜】→【渲染】→【云彩】命令，得到如图 14-556 所示的效果。

图 14-551　打开的图像

图 14-552　打开的图像

图 14-553　【图层】面板

图 14-554　设置【混合模式】后的效果

图 14-555　【图层】面板

图 14-556　执行【云彩】后的效果

　　5　在【图层】面板中设置其【混合模式】为叠加，如图 14-557 所示，向画面中添加一些雾效果，如图 14-558 所示。

　　6　从配套光盘的素材库中打开一个有文字的图像，使用移动工具将其拖动到画面的适当位置，如图 14-559 所示。

图 14-557　【图层】面板

图 14-558　设置【混合模式】后的效果

图 14-559　移动并复制对象

　　7　在工具箱中选择![魔棒]魔棒工具，在选项栏中设置参数为![选项栏]，然后依次在画面中黑色区域单击，将画面中的黑色区域选中，如图 14-560 所示。

图 14-560　将画面中的黑色区域选中

　　8　按"Ctrl"+"Shift"+"I"键执行【反向】命令，将选区进行反选，得到如图 14-561 所示的效果。

　　9　在【图层】面板中单击![按钮]（添加图层蒙版）按钮，如图 14-562 所示，由选区建立蒙版，得到如图 14-563 所示的效果。

图 14-561　将选区进行
反选后的效果

图 14-562　【图层】面板

图 14-563　由选区建立蒙版后的效果

　　10 在工具箱中选择 画笔工具，在选项栏中设置所需的参数，如图 14-564 所示，在画面中进行涂抹，将不需要的部分隐藏，隐藏后的效果如图 14-565 所示。如果隐藏多了，可以设置前景色为白色，将其显示出来。

图 14-564　画笔工具选项栏

图 14-565　隐藏后的效果

　　11 在菜单中执行【图层】→【图层样式】→【描边】命令，弹出【图层样式】对话框，在其中设置【大小】为 1 像素，【颜色】为黑色，再勾选【投影】选项，其他为默认值，如图 14-566 所示，单击【确定】按钮，得到如图 14-567 所示的效果。

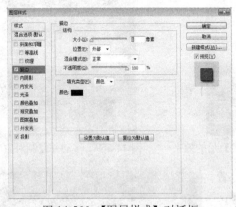

图 14-566　【图层样式】对话框

图 14-567　【添加图层样式】后的效果

　　12 在工具箱中选择 横排文字工具，接着移动指针到画面的底部适当位置单击，显示一闪一闪的光标后在选项栏中设置参数为 ，再输入所需的文字，输入好后在工具箱中单击其他工具确认文字输入，结果如图 14-568 所示。

　　13 在菜单中执行【图层】→【图层样式】→【渐变叠加】命令，弹出【图层样式】对话框，在其中设置所需的参数，如图 14-569 所示，设置好后的画面效果如图 14-570 所示。

图 14-568 输入文字

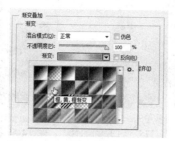

图 14-569 【图层样式】对话框

图 14-570 【添加图层样式】后的效果

14 在【图层样式】对话框的左边栏中选择【描边】选项，在其右边栏中设置【大小】为 1 像素，【颜色】为黑色，再勾选【投影】选项，其他为默认值，如图 14-571 所示，单击【确定】按钮，得到如图 14-572 所示的效果。电影海报就制作完成了。

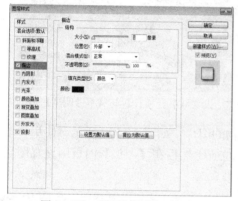

图 14-571 【图层样式】对话框

图 14-572 最终效果图

14.5.3 制作美女签名图

本实例主要介绍使用 Photoshop CC 中的打开、移动工具、复制图层、混合模式、图层蒙版、图层样式等工具与命令制作美女签名图的方法。实例效果如图 14-573 所示。

图 14-573 实例效果

操作步骤

1 从配套光盘的素材库中打开一个有风景的图片与有花的图片，如图 14-574、图 14-575 所示。

2 将两个文件拖出文档标题栏呈浮停状态，再使用移动工具将花拖动到风景图片中并排放到左边，排放好后的效果如图 14-576 所示。

图 14-574 打开的图片

图 14-575 打开的图片

图 14-576 移动并复制图片后的效果

3 在【图层】面板中设置复制图层，也就是图层 1 的【混合模式】为变暗，【不透明度】为 70%，如图 14-577 所示，画面效果如图 14-578 所示。

图 14-577 【图层】面板

图 14-578 设置【混合模式】与【不透明度】后的效果

4 从配套光盘的素材库中打开一个有建筑物的图片，如图 14-579 所示，使用移动工具将其拖动到前面打开的风景图片中并排放到适当位置，然后在【图层】面板中设置图层 2 的【混合模式】为柔光，得到如图 14-580 所示的效果。

图 14-579 打开的图片

图 14-580 设置【混合模式】后的效果

5 从配套光盘的素材库中打开两个文件，一个有人物，一个有花，如图 14-581、图 14-582 所示。使用移动工具分别将它们拖动到要制作签名图的文件中并排放到适当位置，排放好后的效果如图 14-583 所示。

图 14-581 打开的文件

图 14-582 打开的文件

图 14-583 移动并复制图片后的效果

6　在【图层】面板中激活有人物的图层 4，在底部单击【添加图层蒙版】按钮，给图层 4 添加图层蒙版，如图 14-584 所示，再选择画笔工具，在选项栏中设置画笔为 ，然后在画面中将不需要的区域进行涂抹，以将其隐藏，隐藏后的效果如图 14-585 所示。

7　从配套光盘的素材库中打开一个有图案的文件，如图 14-586 所示，然后使用移动工具将它拖动到要制作签名图的文件中并排放到左边，排放好后的效果如图 14-587 所示。

<table>
<tr><td>图 14-584　【图层】面板</td><td>图 14-585　【添加图层蒙版】后的效果</td><td>图 14-586　打开的文件</td></tr>
</table>

8　按"Ctrl"+"J"键复制一个副本，再按"Shift"键将其拖动到右边，画面效果如图 14-588 所示。

图 14-587　移动并复制对象后的效果　　　　　图 14-588　移动并复制对象后的效果

9　从配套光盘的素材库中打开一个有艺术字的文件，如图 14-589 所示。使用移动工具将它拖动到要制作签名图的文件中并排放到画面的适当位置，排放好后的效果如图 14-590 所示。

图 14-589　打开的文件　　　　　图 14-590　移动并复制对象后的效果

10　在【图层】面板中双击刚复制的艺术字所需的图层，弹出【图层样式】对话框，在其左边栏中选择【描边】选项，再在右边栏中设置【颜色】为黑色，【大小】为 2 像素，如图 14-591 所示，即可得到如图 14-592 所示的效果。

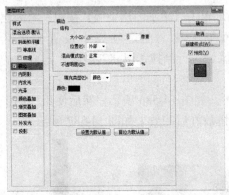

图 14-591 【图层样式】对话框

图 14-592 【添加图层样式】后的效果

在【图层样式】对话框的左边栏中选择【外发光】选项，在右边栏中设置【颜色】为#bedaff，【大小】为 9 像素，【扩展】为 4%，【等高线】为 ，其他不变，如图 14-593 所示，设置好后单击【确定】按钮，即可得到如图 14-594 所示的效果。签名图就制作完成了。

图 14-593 【图层样式】对话框

图 14-594 最终效果图

14.5.4 商场促销海报

本实例主要介绍使用 Photoshop CC 中打开、图层蒙版、画笔工具、移动工具、混合模式、矩形选框工具、复制图层、自由变换、图层样式、横排文字工具等工具与命令，将多个图片组合成商场促销海报的方法。实例效果如图 14-595 所示。

图 14-595 实例效果

操作步骤

1　从配套光盘的素材库中打开一个图案图片与一张有晚霞的图片，如图 14-596、图 14-597 所示，将两个文件拖出文档标题栏，再使用移动工具将晚霞图片拖动到有图案的图片中并排放到上方，排放好后的效果如图 14-598 所示。

图 14-596　打开的图片　　　　图 14-597　打开的图片　　　图 14-598　移动并复制图片后的效果

2　在【图层】面板中激活图层 1，在底部单击【添加图层蒙版】按钮，给图层 1 添加图层蒙版，如图 14-599 所示，选择画笔工具，在选项栏中设置画笔为 ，然后在画面中过渡比较强硬的区域进行涂抹，使两张图片衔接自然，涂抹后的效果如图 14-600 所示。

图 14-599　【图层】面板　　　　　　　图 14-600　【添加图层蒙版】后的效果

3　从配套光盘的素材库中打开一个文件，如图 14-601 所示，然后使用移动工具将它拖动到画面中并排放到左上角，排放好后的效果如图 14-602 所示

图 14-601　打开的文件　　　　　　图 14-602　移动并复制对象后的效果

4　从配套光盘的素材库中打开一个文件，如图 14-603 所示，使用移动工具将它拖动到画面中并排放到所需的位置，在【图层】面板中设置其【混合模式】为正片叠底，如图 14-604 所示，从而得到如图 14-605 所示的效果。

图 14-603 打开的文件

图 14-604 【图层】面板

图 14-605 移动并复制对象后的效果

5 在工具箱中选择矩形选框工具,在选项栏中框选出人物,如图 14-606 所示,再按"Ctrl" + "J"键复制一个副本,将其【混合模式】改为正常,如图 14-607 所示,得到如图 14-608 所示的效果。

图 14-606 框选出人物

图 14-607 【图层】面板

图 14-608 设置【混合模式】后的效果

6 在【图层】面板的底部单击【添加图层蒙版】按钮,给图层 4 复制添加图层蒙版,如图 14-609 所示,选择画笔工具,在选项栏中设置画笔为 ，然后在画面中人物以外的区域进行涂抹,将人物以外的内容隐藏,涂抹后的效果如图 14-610 所示。

7 从配套光盘的素材库中打开一个文件,如图 14-611 所示,使用移动工具将它拖动到画面中并排放到所需的位置,如图 14-612 所示。

图 14-609 【图层】面板

图 14-610 【添加图层蒙版】后的效果

图 14-611 打开的文件

8 按"Ctrl" + "J"键复制一个副本,如图 14-613 所示,再按"Ctrl" + "–"键缩小画面,接着按"Ctrl" + "T"键执行【自由变换】命令,然后拖动变换框上边中间的控制点(也称控制柄)向下至所需的位置,以给建筑物做倒影,如图 14-614 所示。

图 14-612 移动并复制图片

图 14-613 【图层】面板

图 14-614 执行【自由变换】调整

9 调整好后在变换框中双击确认变换，然后在【图层】面板中设置它的【不透明度】为 50%，如图 14-615 所示，得到如图 14-616 所示的效果。

图 14-615 【图层】面板

图 14-616 设置【不透明度】后的效果

10 从配套光盘的素材库中打开一个有艺术文字的文件，如图 14-617 所示，然后使用移动工具将它拖动到画面中并排放到画面的中间位置，如图 14-618 所示。

图 14-617 打开的文件

图 14-618 移动并复制对象

11 在菜单中执行【图层】→【图层样式】→【描边】命令，弹出【图层样式】对话框，在其中设置【颜色】为#fffde8，其他不变，如图 14-619 所示，即可对文字进行描边，画面效果如图 14-620 所示。

12 在【图层样式】对话框左边栏中单击【渐变叠加】选项，在右边栏中单击渐变条，弹出【渐变编辑器】对话框，在其中设置所需的渐变颜色，其他不变，如图 14-621 所示，即可对文字进行渐变填充，画面效果如图 14-622 所示。

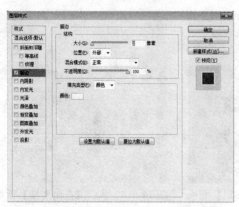

图 14-619 【图层样式】对话框

图 14-620 【添加图层样式】后的效果

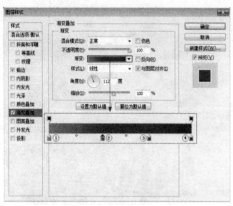

图 14-621 【图层样式】对话框

图 14-622 【添加图层样式】后的效果

 提示

　　色标 1 的颜色为#e264a5，色标 2 的颜色为#c6158d，色标 3 的颜色为#ec008c，色标 4 的颜色为#981e5d。

　　13 在【图层样式】对话框左边栏中单击【投影】选项，在右边栏中设置【距离】为 7 像素，【扩展】为 3%，其他不变，如图 14-623 所示，单击【确定】按钮，即可给文字添加图层样式，画面效果如图 14-624 所示。

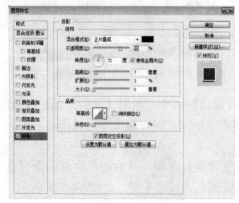

图 14-623 【图层样式】对话框

图 14-624 【添加图层样式】后的效果

14 从配套光盘的素材库中打开一个有闪光的文件，如图 14-625 所示，使用移动工具将它拖动到画面中并排放到画面的适当位置，以添加画面的闪光点，然后使用横排文字工具在画面中输入所需的文字，并给文字添加白色描边，以添加商场的名称与相关内容，如图 14-626 所示。作品就制作完成了。

图 14-625 打开的文件

图 14-626 最终效果图

14.5.5 装裱照片

本实例主要介绍使用 Photoshop CC 中的移动工具、添加图层蒙版、画笔工具、横排文字工具、矩形选框工具、取消选择等工具与功能装裱照片的方法。实例效果如图 14-627 所示。

图 14-627 实例效果

操作步骤

1 按"Ctrl"+"O"键从配套光盘的素材库中打开一个用来作背景的图像文件与一张照片，如图 14-628、图 14-629 所示，然后将照片文件从文档标题栏中拖出。

2 在工具箱中选择移动工具，将照片拖动到背景图像文件中并排放到适当位置，如图 14-630 所示。

3 在【图层】面板中单击▣按钮，给图层 1 添加图层蒙版，如图 14-631 所示。

4 设置前景色为黑色，在工具箱中选择画笔工具，在选项栏中设置所需的参数，如图 14-632 所示，设置好后在画面中人物的周围进行涂抹，以将其隐藏，隐藏后的效果如图 14-633 所示。

图 14-628　打开的图像文件

图 14-629　打开的图像文件

图 14-630　移动并复制图像

图 14-631　添加图层蒙版

图 14-632　选择画笔

图 14-633　隐藏后的效果

5　在画面中右击弹出【画笔】面板，在其中选择硬边圆并设置【大小】为 5 像素，如图 14-634 所示，然后在人物的周围进行精细涂抹，将不需要的部分隐藏，隐藏后的效果如图 14-635 所示。

6　按"Ctrl"+"O"键从配套光盘的素材库中打开一个有国画的图像文件，如图 14-636 所示，将其从文档标题栏中拖出，然后使用移动工具从有国画的图像文件拖动到正在编辑的文件中并排放到适当位置，如图 14-637 所示。

图 14-634　选择画笔

图 14-635　隐藏后的效果

图 14-636　打开的图像文件

7　从配套光盘的素材库中打开一个有国画的图像文件，如图 14-638 所示，将其从文档标题栏中拖出，然后使用移动工具从有国画的图像文件拖动到正在编辑的文件中并排放到适当位置，如图 14-639 所示。

8　在【图层】面板中将复制的图层拖动到图层 1 的下层，如图 14-640 所示，得到如图 14-641 所示的效果，然后在【图层】面板中激活图层 2，使后面复制的图层位于它的上层。

图 14-637　复制并排放图像

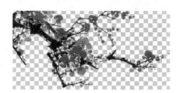

图 14-638　打开的图像文件

图 14-639　复制并排放图像

9 从配套光盘的素材库中打开一个有蝴蝶的图像文件，如图 14-642 所示，将其从文档标题栏中拖出，然后使用移动工具将有蝴蝶的图像文件拖动到正在编辑的文件中并排放到适当位置，如图 14-643 所示。

图 14-640　【图层】面板

图 14-641　调整图层顺序后的效果

图 14-642　打开的图像文件

10 从配套光盘的素材库中打开一个图像文件，如图 14-644 所示，将其从文档标题栏中拖出，然后使用移动工具将打开的图像文件拖动到正在编辑的文件中并排放到适当位置，如图 14-645 所示。

图 14-643　复制并排放图像

图 14-644　打开的图像文件

图 14-645　复制并排放图像

11 在工具箱中选择直排文字工具，在画面中右上角拖出一个文本框，如图 14-646 所示，再在【字符】面板中设置【字体大小】为 6 点，【行距】为 14 点，如图 14-647 所示，然后输入所需的文字，输入好文字后在选项栏中单击按钮确认文字输入，结果如图 14-648 所示。

12 在【图层】面板中单击按钮，新建图层 6，如图 14-649 所示，接着在工具箱中选择矩形选框工具，然后在画面中文字之间拖出一个小矩形条，如图 14-650 所示。

图 14-646　拖出一个文本框

图 14-647　【字符】面板

图 14-648　输入文字

13 按"Alt"+"Del"键填充前景色（黑色），再按"Ctrl"+"D"键取消选择，得到如图 14-651 所示的效果，然后按"Ctrl"+"Alt"键将其向左边拖动到第 2 行文字的中间，复制一个副本，结果如图 14-652 所示。

图 14-649　【图层】面板

图 14-650　绘制矩形条

图 14-651　填充颜色后的效果

14 使用前面同样的方法复制多条直线，并将复制所得的直线合并为一个图层，复制好后的效果如图 14-653 所示。照片就装裱好了。

图 14-652　复制并移动直线

图 14-653　复制并移动直线后的效果

14.5.6　网站设计

本实例主要介绍使用 Photoshop CC 中的移动工具、画笔工具、添加图层蒙版、横排文字工具、合并、矩形工具等工具与功能进行网站设计的方法。实例效果如图 14-654 所示。

图 14-654　网站设计效果

操作步骤

1　按 "Ctrl" + "O" 键从配套光盘的素材库中打开一个用于作背景的图像文件与一个有图案的文件，如图 14-655、图 14-656 所示，然后将有图案的文件拖出文档标题栏。

2　在工具箱中选择移动工具，将图案拖动到背景文件中，再排放到适当位置，如图 14-657 所示。

图 14-655　打开的图像文件

图 14-656　打开的图像文件

图 14-657　复制并排放图像

3　从配套光盘的素材库打开一个图像文件，如图 14-658 所示，将其从文档标题栏中拖出，然后使用移动工具将其拖动到正在编辑的文件中并排放到适当位置，如图 14-659 所示。

4　在【图层】面板中单击 按钮，给图层 2 添加图层蒙版，如图 14-660 所示，接着在工具箱中选择画笔工具，在选项栏中选择所需的画笔，如图 14-661 所示。在画面中人物的周围进行涂抹，将不需要的部分隐藏，隐藏后的效果如图 14-662 所示。

图 14-658　打开的图像文件

图 14-659　复制并排放图像

图 14-660　【图层】面板

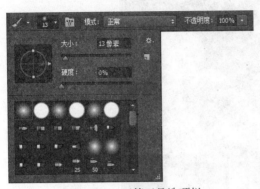

图 14-661　画笔工具选项栏

图 14-662　将不需要的部分隐藏

5　使用前面同样的方法将另一个图案与标志打开并复制到画面中并排放到适当位置，如图 14-663 所示。

6　在工具箱中选择横排文字工具，在画面中依次单击并输入所需的文字，然后根据需要设置字体与字号大小，文本颜色为白色，如图 14-664 所示。

图 14-663　复制并排放图像

图 14-664　输入文字

7　使用前面同样的方法将另一个图像打开并复制到画面中并排放到适当位置，如图 14-665 所示。

8　使用前面同样的方法将其他需要的图像打开并依次复制到画面中，再分别排放到适当位置，如图 14-666 所示。

图 14-665　复制并排放图像

图 14-666　复制并排放图像

9　按 "Ctrl" + "E" 键向下合并，直至将并排的 4 个图片所在的图层合并为一个图层为止，如图 14-667 所示。

10　在【图层】面板中单击 （创建新图层）按钮，新建图层 6，如图 14-668 所示，接着在工具箱中选择矩形工具，在选项栏中选择像素，然后在画面中文字前绘制一个白色的矩形，如图 14-669 所示。

11　在工具箱中选择移动工具，再按 "Alt" + "Shift" 键将矩形向右拖动至另一个标题名称前，以复制一个副本，结果如图 14-670 所示。使用同样的方法再复制多个副本，并依次排放到相应的文字前，复制好后的效果如图 14-671 所示。

图 14-667　【图层】面板

图 14-668　【图层】面板

图 14-669　绘制矩形

图 14-670　复制矩形

图 14-671　复制矩形后的效果

12　按 "Shift" 键在画面中单击图层 6，以同时选择所有白色矩形所在的图层，如图 14-672 所示，按 "Ctrl" + "E" 键将所选的图层合并为一个图层，结果如图 14-673 所示，其完整画面效果如图 14-674 所示。网站就制作完成了。

图 14-672　【图层】调板

图 14-673　【图层】调板

图 14-674　最终效果

14.5.7 网店模板

本实例主要介绍使用 Photoshop CC 中新建、圆角矩形工具、打开、通过复制的图层、复制图层、合并图层、矩形选框工具、图层蒙版、混合模式、载入选区、创建新图层、矩形工具、图层样式、复制图层样式、粘贴图层样式、横排文字工具、椭圆工具等工具与命令绘制网店模板的方法。在绘制网店模板时要考虑店铺名称、客服、公告、商品等摆放位置与大小，关键是商品区域，因为网店主要是卖商品。实例效果如图 14-675 所示。

图 14-675　实例效果

操作步骤

1　按"Ctrl"+ "N"键新建一个【大小】为 740×500 像素，【分辨率】为 96.012 像素/英寸，【颜色模式】为 RGB 模式，【背景内容】为白色的图像文件。

2　在工具箱中设置前景色为# fbe0ff，选择■圆角矩形工具，在选项栏中选择■ · 像素，设置【半径】为 10 像素，然后在画面中上方绘制一个圆角矩形，如图 14-676 所示。

3　从配套光盘的素材库中打开一个有许多花朵的文件，如图 14-677 所示，再将其复制到新建的文件中并排放到画面右边的适当位置，如图 14-678 所示。

图 14-676　绘制圆角矩形

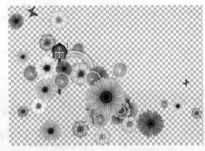

图 14-677　打开的文件

4　按"Ctrl"+"J"键复制一个副本，以得到图层 2 副本，如图 14-679 所示，再将副本中的内容拖动到右上角的适当位置，如图 14-680 所示。

5　从配套光盘的素材库中打开两个文件，如图 14-681、图 14-682 所示，然后分别将它们复制到要制作网店模板的文件中并排放到适当位置，如图 14-683 所示。

图 14-678　移动并复制对象

图 14-679　【图层】调板

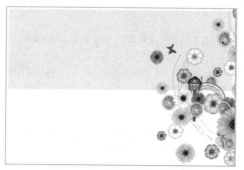

图 14-680　移动并复制对象

图 14-681　打开的文件

图 14-682　打开的文件

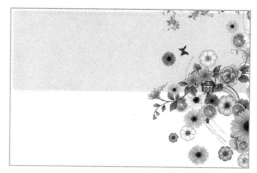

图 14-683　移动并复制图片

6　按"Shift"键在【图层】面板中单击图层 2，以同时选择四个图层，如图 14-684 所示，然后按"Ctrl"＋"E"键将它们合并为一个图层，如图 14-685 所示。

7　在工具箱中选择矩形选框工具，在选项栏中设置【羽化】为 0px，然后在画面中框选所需的内容，如图 14-686 所示。

图 14-684　【图层】面板

图 14-685　【图层】面板

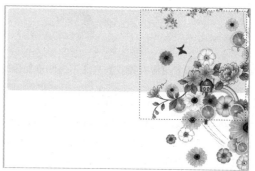

图 14-686　框选所需的内容

8 在【图层】面板中单击【添加图层蒙版】按钮，如图 14-687 所示，由选区建立图层蒙版，即可将选区外的内容隐藏，隐藏后的效果如图 14-688 所示。

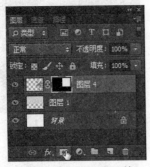

图 14-687 【图层】面板

图 14-688 【添加图层蒙版】后的效果

9 从配套光盘的素材库中打开一个有图案的文件，如图 14-689 所示，将其复制到画面中，再排放到画面的左上角，然后在【图层】面板中设置它的【混合模式】为线性光，【不透明度】为 60%，如图 14-690 所示，即可得到如图 14-691 所示的效果。

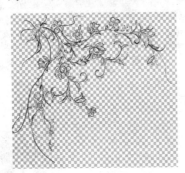

图 14-689 打开的文件

图 14-690 【图层】面板

10 按 "Ctrl" 键在【图层】面板中单击图层 1 的图层缩览图，如图 14-692 所示，使图层 1 的内容载入选区，结果如图 14-693 所示。

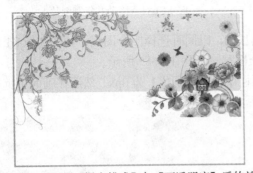

图 14-691 设置【混合模式】与【不透明度】后的效果

图 14-692 【图层】面板

11 在【图层】面板中单击【添加图层蒙版】按钮，由选区给图层 5 建立图层蒙版，即可将选区外的内容隐藏，隐藏后的效果如图 14-694 所示。

12 从配套光盘的素材库中打开两个有人物的图片，如图 14-695、图 14-696 所示，同样将其复制到画面中并依次排放到画面的右边与下方靠右的位置，如图 14-697 所示。

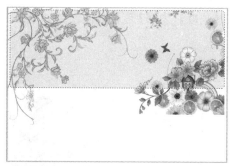

图 14-693　使图层 1 的内容载入选区

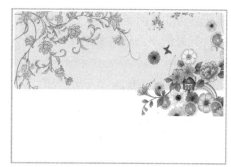

图 14-694　【添加图层蒙版】后的效果

图 14-695　打开的人物图片

图 14-696　打开的人物图片

13 在【图层】面板中单击【创建新图层】按钮，新建图层 8，如图 14-698 所示，在工具箱中设置前景色为#cdc7dd，再选择矩形工具，在选项栏中选择像素，然后在画面中 4 个人物照片的左上角绘制两个小矩形，以组成一个角，如图 14-699 所示。

图 14-697　移动并复制图片

图 14-698　【图层】面板

图 14-699　绘制两个小矩形

14 在【图层】面板中单击【创建新图层】按钮，新建图层 9，如图 14-700 所示，在画面中淡粉色圆角矩形上绘制一个矩形，如图 14-701 所示，用来表示显示公告的区域。

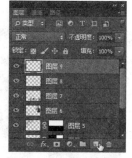

图 14-700　【图层】面板

图 14-701　绘制矩形

15 在【图层】面板中双击图层 9，在弹出的【图层样式】对话框中选择【渐变叠加】选

项，再在右边的【渐变叠加】栏中设置所需的渐变，【角度】为-57度，其他参数如图14-702所示，设置好的画面效果如图14-703所示。

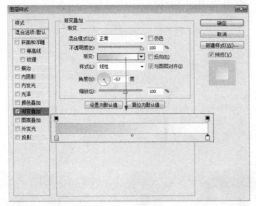

图 14-702 【图层样式】对话框

图 14-703 【添加图层样式】后的效果

 提示

在【渐变编辑器】对话框中左边的色标颜色为#f6b8ff，右边的色标颜色为白色。

16 在【图层样式】对话框左边栏中选择【描边】选项，在右边栏中设置【大小】为 1 像素，【颜色】为#f951ff，【位置】为外部，其他不变，如图14-704所示，单击【确定】按钮，得到如图14-705所示的效果。

图 14-704 【图层样式】对话框

图 14-705 【添加图层样式】后的效果

17 从配套光盘的素材库中打开一个如图14-706所示的文件，将其复制到制作网店模板的文件中，再排放到画面的左上方，如图14-707所示。

图 14-706 打开的文件

图 14-707 移动并复制对象

18 在【图层】面板中右击图层 9，在弹出的快捷菜单中选择【复制图层样式】命令，如图 14-708 所示，再在图层 10 上右击，然后在弹出的快捷菜单中选择【粘贴图层样式】命令，如图 14-709 所示，将图层 9 中的图层样式复制到图层 10 中。

图 14-708 【图层】面板

图 14-709 【图层】面板

19 在【图层】面板中关闭图层 10 中的渐变叠加效果，如图 14-710 所示，即可只为复制的图片进行描边，画面效果如图 14-711 所示。

图 14-710 【图层】面板

图 14-711 【添加图层样式】后的效果

20 从配套光盘的素材库中打开如图 14-712 所示的文件，同样将其复制到画面中并排放到画面的左下角，如图 14-713 所示。

图 14-712 打开的文件

图 14-713 移动并复制对象

21 由于有些图案已经遮盖了人物照片的一部分，因此需要使用矩形选框工具在画面中框选所需的内容，如图 14-714 所示。

22 在【图层】面板中单击■（添加图层蒙版）按钮，由选区建立图层蒙版，将选区外的内容隐藏，隐藏后的效果如图 14-715 所示。

图 14-714 在画面中框选所需的内容

图 14-715 【添加图层蒙版】后的效果

23 在工具箱中选择横排文字工具，在画面中上方单击并输入网店的名称或宣传语句，按"Ctrl"＋"A"键全选，再在【字符】面板中设置【字体】为文鼎特粗圆简，【字体大小】为 36 点，【所选字符间距】为 800，选择【上标】按钮，【颜色】为#5a1873，如图 14-716 所示，即可得到如图 14-717 所示的文字效果。

图 14-716 【字符】面板

图 14-717 输入文字后的效果

24 在【图层】面板中双击文字图层，在弹出的【图层样式】对话框中勾选【投影】与单击【描边】选项，再设置描边的【大小】为 2 像素，【颜色】为白色，其他不变，如图 14-718 所示，单击【确定】按钮，即可得到如图 14-719 所示的效果。

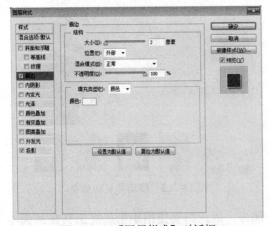

图 14-718 【图层样式】对话框

图 14-719 【添加图层样式】后的效果

25 使用横排文字工具在画面中适当位置输入所需的文字，如：公告内容与一些宣传语及一些商品的名称与编号等，输入好文字后的效果如图 14-720 所示。

图 14-720　输入所需的文字后的效果

　　26 在【图层】面板中单击【创建新图层】按钮，新建图层 12，如图 14-721 所示，在工具箱中设置前景色为白色，选择矩形工具，然后在画面中左边"点击收藏"的下方绘制一个白色矩形，如图 14-722 所示，用来放置客服与上班时间等相关内容。

　　27 在【图层】面板中双击图层 12，弹出【图层样式】对话框，在其左边栏中选择【描边】选项，再在右边栏中设置【颜色】为#a3a3a3，【大小】为 1 像素，其他不变，如图 14-723 所示，单击【确定】按钮，即可为白色矩形进行描边，画面效果如图 14-724 所示。

图 14-721　【图层】面板

图 14-722　绘制矩形

　　28 在【图层】面板中再新建一个图层为图层 13，然后使用矩形工具在白色矩形的上方绘制一个矩形（颜色随意，为了区分开，因此用了比较深的颜色），如图 14-725 所示。

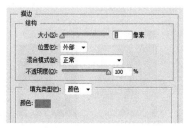

图 14-723　【图层样式】对话框

图 14-724　【添加图层样式】后的效果

图 14-725　绘制矩形

29 在【图层】面板中双击图层 13，在弹出的【图层样式】对话框中选择【渐变叠加】选项，再在右边的【渐变叠加】栏中设置所需的渐变，【角度】为 90 度，其他参数如图 14-726 所示，设置好后单击【确定】按钮，得到如图 14-727 所示的画面效果。

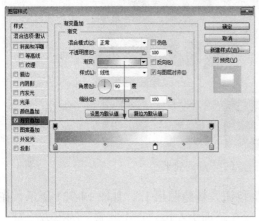

图 14-726 【图层样式】对话框

图 14-727 【添加图层样式】后的效果

提示

在【渐变编辑器】对话框中左边的色标颜色为#a9a9a9，中间色标的颜色为白色，右边的色标颜色为#cbcbcb。

30 使用横排文字工具在画面中输入所需的内容，如图 14-728 所示。

31 从配套光盘的素材库中打开一个有"旺旺"的图片，如图 14-729 所示，将其复制到"掌柜旺旺"文字的后面，如图 14-730 所示。

图 14-728 输入文字

图 14-729 打开一个有"旺旺"的图片

图 14-730 移动并复制对象

32 在【图层】面板中新建一个图层为图层 15，在工具箱中设置前景色为#b7444e，选择 ⬭ 椭圆工具，在选项栏中选择像素，然后在画面中商品名称前绘制一个圆形，如图 14-731 所示。

33 按"Ctrl"键在【图层】面板中单击图层 15 的图层缩览图，如图 14-732 所示，使图层 15 的内容载入选区，如图 14-733 所示，然后按"Ctrl"+"Alt"+"Shift"键将圆形向右拖动并复制到另一个商品名称前，如图 14-734 所示。

图 14-731 绘制一个圆形

图 14-732 【图层】面板

图 14-733 载入选区

图 14-734 移动并复制圆形

34 使用步骤 33 同样的方法再复制两个圆形，拖动并复制后的效果如图 14-735 所示。

35 使用横排文字工具依次在画面中圆形内单击并输入所需的数字，输入好数字后的效果如图 14-736 所示。

图 14-735 移动并复制圆形后的效果　　　　　图 14-736 输入所需的数字后的效果

36 从配套光盘的素材库中打开如图 14-737 所示的文件，将其复制到公告栏的下方，如图 14-738 所示。网店模板就制作完成了。

图 14-737 打开的文件

图 14-738 最终效果图

习题参考答案

第1章　认识图像及工具

一、填空题
1. 点阵图像　　许多点　　像素　　对象　　形状
2. 向量图形　　被称为矢量的数学对象　　几何特性
3. 分辨率　　任意尺寸　　任意分辨率

二、选择题
1. A　　2. AB　　3. C　　4. BD

第2章　选区工具的使用

选择题
1. C　　2. B　　3. ABC

第3章　画笔工具的使用

一、简答题
1. 答：有样式、区域、容差、不透明度、画笔、模式等属性。
2. 答：有画笔、模式、不透明度、流量、喷枪工具等属性。

二、选择题
1. B　　2. C

第4章　图像的修饰

选择题
1. A　　2. B　　3. A

第5章　填充及渐变工具的使用

填空题
1. 拷贝　　剪切　　合并拷贝
2. 多种颜色间的逐渐混合　　选取　　创建自己

第6章　图层　　蒙版和通道的使用

填空题
1. 位图图像　　分辨率　　分辨率
2. 完全　　顺序　　属性

第 7 章　文字工具的使用

填空题

1. 取向　　点文字　　段落文字
2. 文字图层　　形状图层　　矢量蒙版

第 8 章　路径和形状工具的使用

填空题

1. 直线　　曲线　　自由的线条　　路径
2. 删除锚点工具　　转换点工具　　路径选择工具

第 9 章　图像的调整

选择题

1. A　　2. C

第 10 章　滤镜的使用

填空题

1. 风格化　　画笔描边　　扭曲　　素描　　纹理
2. 桶形　　枕形失真　　晕影

第 11 章　动作的使用

填空题

1. 记录　　播放　　编辑　　删除
2. 文件　　子文件夹的文件夹

第 12 章　动画制作

填空题

图像　　帧　　连续　　快速地

第 13 章　绘画

填空题

1. 透明　　背景色　　透明
2. 图像　　调色板